建筑空间展示设计
与视觉元素呈现研究

马晓冬 著

吉林出版集团股份有限公司
全国百佳图书出版单位

图书在版编目（CIP）数据

建筑空间展示设计与视觉元素呈现研究 / 马晓冬著
. — 长春：吉林出版集团股份有限公司 , 2023.6
ISBN 978-7-5731-3479-0

Ⅰ . ①建… Ⅱ . ①马… Ⅲ . ①建筑空间－建筑设计
Ⅳ . ① TU2

中国国家版本馆 CIP 数据核字（2023）第 097811 号

建筑空间展示设计与视觉元素呈现研究

JIANZHU KONGJIAN ZHANSHI SHEJI YU SHIJUE YUANSU CHENGXIAN YANJIU

著　　者	马晓冬
责任编辑	李　强
装帧设计	马静静
出　　版	吉林出版集团股份有限公司
发　　行	吉林出版集团青少年书刊发行有限公司
地　　址	吉林省长春市福祉大路 5788 号
邮政编码	130118
电　　话	0431-81629808
印　　刷	北京亚吉飞数码科技有限公司
版　　次	2024 年 3 月第 1 版
印　　次	2024 年 3 月第 1 次印刷
开　　本	710mm×1000mm　1/16
印　　张	13.25
字　　数	210 千字
书　　号	ISBN 978-7-5731-3479-0
定　　价	86.00 元

如发现印装质量问题，影响阅读，请与印刷厂联系调换。电话：010-82540188

前　言

人的一生,绝大部分时间是在各式各样的建筑中度过的,建筑就像是一个巨大的空心雕塑。它不像普通的雕塑艺术一样(人们只能从表面看它),人们可以进入建筑内部空间来感受它给人们带来的各种不同的效果。因此,如何让建筑空间设计合理而舒适,对于建筑有着非常重要的意义。

空间,是一个很抽象的概念,就像我们可以去自由描述,却不能为它下定义一样。一座建筑,不管是别墅、住宅、办公楼还是寺庙道观,不管其表面有多么好看,它的本质是一定的,即它只不过是一个盒子,由若干个墙面拼接而成,它可以延伸,可以收缩。任何一位建筑师的作品都只是把若干个空间组合起来成为一个有机的整体。

建筑空间的设计好坏是评价一个建筑作品好坏的基础,如果一栋建筑作品的内部空间很吸引人,很令人振奋,那么人的行为活动、思想思维都将受到巨大的影响。如果一个建筑内部空间很美观,但其室内的装饰很敷衍,那么该空间的美好性就被破坏了,但是很明显,装饰只是装饰,它可以改变,而设计好的空间则是固定的,因此一个好的空间设计是一个建筑所必不可少的。

视觉传达设计在建筑空间中应用广泛,是建筑艺术设计者在其设计中表达艺术理念的一种方式。设计者通过将日常生活中所观察到的信息加以整合后转化成相应的视觉符号,传达出不同的视觉设计效果。在当前建筑设计理论中常常通过视觉传达的手段来展示建筑空间的设计,既能实现多维建筑空间中的信息传递,也能美化建筑空间环境。建筑空间的设计本身就是对视觉取向的直观反映,通过空间装饰设计中各种元素之间的合理选择进行无障碍艺术交流。

本书主要围绕建筑空间的展示设计与视觉元素呈现展开分析。开篇前两章先是从整体上分析了建筑空间与建筑空间的视觉元素。第一章是对建筑空间的分析,如内涵界定、分类、发展、相关因素等。第二章则分析了建筑空间的各种视觉元素,如点、线、面、体、色彩、光、材质等。从第三章开始进入对建筑空间展示的分析。第三章是对建筑空间展示设计相关理论与方法的分析,如对展示设计的概述分析、展示设计的形式法则、展示设计与人机工程学、展示空间设计的程序与表达、展示设计中新技术的运用。第四章到第六章是对专题建筑空间展示的分析,这三章分别是对博物馆空间展示的分析、对会展展示空间的分析、对商业展示空间的分析。

纵观全书,作者从宏观建筑空间分析到具体的专题展示设计,从基本理论分析到具体的设计实践,由浅入深,层层深入,本书对于建筑空间展示的学习者和从业者具有很好的参考作用。同时,本书引用了许多相关的设计图片与设计实例,内容形象生动,易于理解。

本书在写作过程中参考了许多相关的著作,在此向其著作者表示由衷的感谢。同时,由于时间和精力的限制,本书在写作过程中和内容组织上,有许多不足,希望各位读者能够予以谅解,并提出宝贵意见。

作　者
2022 年 12 月

目　录

第一章

建筑空间概述

　　建筑空间是指建筑物内部的空间。建筑空间的作用是为人们提供生活、工作、娱乐或其他用途的场所。建筑空间的设计很重要，因为它影响着人们在建筑物内的生活质量。建筑空间应该舒适、实用、美观，并且应该考虑人们的生理和心理需求。建筑空间设计应该注意功能分区、光线、通风、隔音等因素，以及人们使用建筑空间的习惯和喜好。本章将对建筑空间的相关理论展开论述。

第一节　建筑空间的界定与分类

一、空间的概念

所谓空间,是指将底平面、竖平面和上平面单独或组合在一起,具有实际意义或寓意的封闭。在封闭的形式中,边界越弱,创造空间的基础就越不清晰,空间的平面性就越明显。

从人类行为和活动的特点来看,与人相关的空间包括城市、街道、广场、公园、花园、建筑等相关领域的概念。所以,我们可以说,凡是被人的自觉行为所封闭和限定的空间,都具有一定的组织布局,具有人的认知和理解感,统称为空间感。

在我国,人们对空间的创造和认识从旧石器时代就没有结束过。原始社会西安半坡村的方形和圆形居住区,根据使用需要和要求,考虑了室内的划分。随着时间的推移,中国古人对空间的认识经历了商代宫廷严谨规则的空间序列,春秋时期老子提出的"有"与"无"的空间关系,直到我们看到现存的宋、元、明、清古建筑群,序列分明、层次分明,它们都向我们展示了我国古人在不同时期、不同社会、不同地域对环境的认识和认知。

在西方,由于文化背景和地域的差异,也留下了大量形态各异的建筑造型和空间艺术珍品,如古埃及金字塔、古希腊雅典卫城建筑群、古罗马竞技场等。12～18世纪,由于社会变迁,不同门类的艺术也产生了很大的影响,产生了哥特式、巴洛克式、洛可可式等各具特色的建筑设计流派,教堂建筑、宫殿都达到了传统建筑设计的顶峰。

二、建筑空间的概念

建筑是一种空间,但并非所有空间都是建筑。所谓空间,涉及的范围非常浩瀚,从整个宇宙延伸到微观世界,都属于空间。建筑是人类社会特有的东西。天然溶洞不能称为建筑,鸟巢也不能称为建筑,那么如何定义建筑空间的概念呢?一般来说,建筑空间是指在人类用手段定义的空间中进行各种具体的生命活动,这里的关键是人的主观加工。

人类建造建筑物的初衷是为了抵御自然界的有害入侵,获得相对安全的室内空间,这就造成了室内外空间的区分。每一个建筑体量,包括墙体、柱子、栏杆等,都会成为空间延续中的一种边界、一种中断和一种限制,以至于每一个建筑都必须达到两种空间:内部空间和外部空间。一般情况下,建筑物的室内空间被六面墙(天花板、地板、四面墙)所限制。在这个立方体形的房间里,室内外空间的区别很明显,却没有六边形的房屋空间,室内外空间的关系比较复杂,很难区分清楚。例如,建筑物入口处的透水凉亭或天棚空间,是室内空间还是室外空间,就很难确定。经验表明,即使是最简单的雨伞形状的凉亭,也能遮阳挡雨,一定程度上实现了建筑最原始的基本功能,而只有四面墙的空间,虽然空间更大,但因为它"露天",不能完成建筑原有的功能,只能称为"后院"或"天井"。通常,有无屋顶是区分建筑物内外空间的重要标志,其原因大致可归纳为以下几点。

(1)从满足基本物质功能的角度来看,在同一建筑空间的六个界面中,上层界面对风、雨、雪等外界干扰的封闭性最强。

(2)从人的心理来看,有了上层界面,人在这个空间里就会有安全感。此外,亮度使人们对室内外空间的感知有着巨大的影响。外部光线强,内部空间光线相对较弱,上界面的存在对光线强弱起着决定性的作用。

(3)空间是一种界面间相互作用产生的"场",由于地面本身可以作为天然的下表面,只要有一些上界面,自然就会产生"场"感,开放的室外空间,即所谓的开放空间,是在建筑物之间创造出来的。

三、建筑空间的分类

(一)从空间形态上分

建筑空间是人们为满足生产或生活需要,利用各种建筑元素和形式所创造的室内外空间的总称。建筑空间形态包括构成建筑物内部空间的因素,如墙体、地板、屋顶、门窗等,以及构成建筑物外部空间的因素,如树木、山体、水体、街道等，以及周围的广场。按空间形式分类，可分为以下几类。

1. 封闭空间

以限制性很强的元素（承重墙、轻质隔墙等）封闭，具有强烈视觉和听觉隔离的空间称为封闭空间。封闭将内部空间与周围环境的流动和渗透隔开，呈现内向、收敛和向心的特点，具有很强的空间感、安全感和私密性，使人感觉更亲切。

2. 开放空间

开放空间的开放程度取决于是否有侧接口、侧接口外壳的程度、开口的大小以及控制开合的能力。与封闭空间相比，开放空间的边界限制较少，通常采用虚拟表面的形式来封闭空间。开放空间外向、低约束和私密性，强调与周围环境的交流和渗透，通过配景、借景等方式与自然或周边空间融为一体。与同等大小的封闭空间相比，开放空间显得更大，心理效果表现为开朗活跃。

3. 灵活空间

可变空间是固定空间的对立面，它可以根据各种功能的需要改变自己的空间形态，是最流行的空间形态之一。可变空间的优势主要表现在：适应社会不断发展变化的要求，适应社会人员快速变动带来的空间环境变化，适应经济性原则。可变空间可以随时改变空间布局，适应实用功能的需要，从而提高空间利用效率，它的灵活性和多变性与现代人求新求变的心理相呼应。例如，多功能厅、标准单元、通用空间、虚拟空间等都是可变空间。

（二）从空间对人的心理感受上分

建筑艺术是为满足人的各种生理和心理需要而创造的空间的典型代表。建筑可以利用不同性质的空间来控制现实中人的心理。同时，可以根据人们不同的心理需求，营造出不同的室内外建筑空间。

（1）动态空间。动态空间是在建筑物中使用某些元素或形式来将人们带入视觉或听觉动态中。

（2）静态空间。安静祥和的空间环境也是人们生活所需要的，相对于动态空间，静态空间具有稳定的形式，往往以对称、垂直和水平的界面来展现。

（三）从空间确定性上分

建筑空间界面的围合有多种类型，如物理空间、虚拟空间、模糊空间等类型。

（1）物理空间。物理空间主要是指范围明确、边界清晰、地域感强的空间。空间周围的表面主要由通常不透光的固体材料组成，因此它具有很强的密封性，并且通常与可以提供一定程度的隐私和安全的封闭空间相关联。

（2）虚拟空间。与物理空间相对应的空间形式是虚拟空间，是人类在心理上运用象征性、暗示性、概念性的手法加工而成的，也可以说虚拟空间是一种"心理空间"。没有明确的界限，但有一个范围。它位于大空间中，与大空间相通，同时又拥有自己的独立性。可以说，其是空间中的空间。

（3）模糊空间。模糊空间的定义并不那么清晰，物理与虚拟之间、内部与外部之间、封闭与开放之间、公共与个人活动之间、自然与人造之间，产生重叠。

（四）从空间视觉上分

建筑空间环境的艺术创作必须从实际的形态元素出发，以空间中的视觉元素为媒介，使空间有形化，达到各种实用功能和艺术效果，营造不同的氛围和风格的空间，并吸引用户，从而使观者的感受和情绪大致相同。

从视觉空间分类，建筑空间包括交错空间、结构空间、迷幻空间。

（1）交错空间。交错的空间设计是为了让空间相互交织，增加空间的层次变化和趣味性。现代空间设计不满足于封闭规则盒子的简单层次，往往采用灵活多样的空间组合方式，创造复杂多变的空间关系。

（2）结构空间。建筑只能在结构的基础上实现，当代建筑空间的结构也是多种多样的。过去，人们总是把建筑结构隐藏起来，在表面上进行装饰。随着对结构认识的深入,人们发现结构与形式美并不存在必然矛盾。科学合理的结构往往是一种形式美。

（3）迷幻空间。迷幻空间主要是指一种力求神秘、新奇、怪异、不可预测、超现实、戏剧化的空间形态。设计师表现出强烈的主观自我意识,运用扭曲、变形、倒置、错位等超现实主义艺术手法,将家具、陈设、空间等造型元素塑造成奇特的空间形态。

第二节　建筑空间的发展

在建筑中,空间是客观存在的,但人类经历了从无意识地利用空间到有意识、有目的地创造的漫长历史过程。早年间,人类为了躲避风雨、抵御严冬酷暑,以及防止其他自然现象或动物的侵袭,需要生存空间,往往"居于山洞野外",但这时对于空间只是利用而非建造。这些洞穴空间基本为自然形态,人类对空间的改造不多,可以说是早期人类使用的建筑空间。当人类具备语言能力后,抽象思维能力逐渐发展,这也导致对建筑空间的意识、对空间功能和使用的行为要求逐渐增加。

建筑空间的发展是一个由低层到高层的螺旋式发展过程,与人的行为密切相关。由于地域环境的多样性,世界不同地区出现了不同文脉的建筑空间发展体系。按历时和影响范围可分为西方建筑空间和中国建筑空间。

一、西方建筑空间的发展

由于文化传承的差异,西方建筑空间的发展与东方截然不同,具有多变性和间断性。每个时期都会有与其文化行为主体特征相对应的建筑空间类型,西方古建筑空间的发展是一个不断变化的发展体系。在处理空间与人行为的关系时,注重造型和空间尺度的塑造,力求营造出富丽堂皇的建筑形体和室内空间,能够唤起人们强烈的怀念和敬畏之情。

（一）古代奴隶制时期

这一时期主要为纪念行为空间，又主要分以下几个时期。

1.古埃及时期

埃及人的金字塔是这一时期的代表建筑，注重户外纪念行为空间的营造，实际可使用的建筑空间尚未完全显现。

另一种具有代表性的建筑空间类型是寺庙建筑，从外观上看，建筑富丽堂皇，适应宗教仪式的行为要求，内部空间狭长，围合性强，阴暗压抑，营造出一种神秘的氛围和庄严的宗教气氛。

2.古希腊时期

古希腊和古罗马的建筑对西方产生了深远的影响。西方人习惯于把古希腊和古罗马建筑视为古典建筑的主要代表。

古希腊建筑以神殿为主体，神殿内部空间较为单一，空间环境封闭阴暗，外部为柱廊环绕的明亮开阔的自然空间。宗教仪式和人类活动的空间主要集中在寺外。

这一时期建筑群的典型代表是雅典卫城，其空间开阔，建筑组织自由活泼，依地势布局，主次分明，层次清晰。

3.古罗马时期

古罗马建筑继承和发展了古希腊的建筑类型，但在营造建筑内部空间方面更具创造性。

在建筑物中使用了拱顶系统，创造了大教堂的内部空间。大殿的空间一般呈长方形，大堂常被两排或四排柱子分成三五部分。中央大厅宽而高，两侧的侧廊又窄又低，强调人眼视觉的中轴对称，空间缺乏居住感，如马克辛提乌斯大教堂。

建于公元100年的古罗马万神殿就是一个集中空间的代表。内部空间被巨大的穹顶覆盖，几何造型简洁明了、和谐统一，整体空间统一，给人以强烈的庄严感。

由于古罗马建筑技术的提高,浴室等公共建筑创造了一系列室内空间。比如,卡拉卡拉浴场,空间内部组织多变,空间序列组织强化,内部空间从万神殿的单一空间演变为多层次的复合空间,影响巨大。古罗马时期还修建了大广场,广场一般由围墙围合,与城市环境完全隔绝,形成相对封闭的空间。空间的内部组织强调轴线的对称和进深的多层次排列。通过内外空间对比的交替,增强了整组广场的庄重感。

（二）中世纪时期

在西方,中世纪意识形态的影响主要受到基督教的影响。基督教文化是当时文化的主流,在建筑上有明显体现。骶骨式建筑成为这一时期的主要代表,以拜占庭式、罗马式和哥特式建筑为主。

1. 拜占庭式建筑空间

拜占庭式的建筑空间从早期的大教堂风格逐渐转变为集中式的希腊十字风格。十字架的希腊空间是一个集中空间,中心空间更具有纪念意义,人们有比较强的居住感,倾向于进行聚会、礼拜等协同活动。

2. 罗马式、哥特式建筑空间

罗马式风格的内部建筑空间仍多以大教堂的形式布置,因宗教仪式的需要,逐渐演变为拉丁十字架。哥特式教堂扁平的造型延续了拉丁十字风格。比如,拉丁十字式的内厅,长宽比较大,空间具有线性空间的特点。前坛指向性强,中殿感弱。

哥特式教堂继承了拉丁十字平面上的空间,由于施工的推进,内部中殿的进深加深,主体的高度向天空发展,集中了精神哲学。由于空间的水平动量,人们很容易被引向祭坛。一切空间都体现着以神为中心的空间特性。

（三）文艺复兴、巴洛克时期

这一时期主要是"人文主义"思潮影响下的空间。

1. 文艺复兴时期的建筑空间

意大利文艺复兴时期提倡以人为本的世界观，"人文主义"提倡以古希腊、古罗马的建筑风格取代象征神权政治的哥特式风格。文艺复兴时期，在"人文主义"思潮的影响下，建筑注重整洁有序，建筑内部空间通常集中，平面多为圆形和方形，主要建筑成就集中在教堂和豪宅。

比如，罗马的小坦比耶多教堂，建筑空间采用集中式布局，圆形平面，整个空间内部覆盖着圆顶，具有强烈的纪念风格。

文艺复兴时期的宫廷建筑也体现了空间集中的特点。这类空间的代表就是帕拉迪奥设计的圆形别墅。平面采用中央正方形构图，中间有圆形穹顶统一造型，内部空间对称布置。中央圆形大厅位于轴线交汇处的中央穹顶下方，以加强内部空间的集中度。

文艺复兴时期，群广场建筑空间的设计注重呈现建筑群的空间整体性。最具代表性的广场是威尼斯的圣马可广场，内部空间非常多样化。广场包含两个空间，一大一小：大广场部分封闭，小广场开放。整体空间只供游览散步，居留感强。同时，广场空间与周围的大街小巷也形成了鲜明的对比。从阴暗曲折到宽敞明亮，人们的心理发生了明显变化。

2. 巴洛克时期的建筑空间

巴洛克式建筑形成于文艺复兴晚期。这一时期的建筑空间内部强调体积感、动态感和空间给人的视觉冲击。

巴洛克式建筑经常利用光影的变化和不稳定的体块并置来强调空间的虚幻和动荡的气氛，主要成就集中在教堂和城镇广场。

巴洛克式教堂多为圆形、椭圆形、梅花形、圆形十字形等单一空间。比如，圣卡罗教堂的平面图，有一个近乎椭圆形的大厅平面图，周围环绕着几个不规则的小祈祷室，空间组合复杂。同时，在巴洛克时期，常用"排屋"，是室内空间流动的一种方式，营造出多层次、深远的透视效果。

（四）古典主义时期

古典建筑在建筑空间的整体布局和组织上强调中轴对称和主从关系，建筑主体贯彻比例原则，因此这一时期是理性行为的空间。但在空间内部处理上大多采用奢华的巴洛克风格，后来逐渐发展为装饰性的洛可可风格。

这一时期建筑空间的代表是法国的凡尔赛宫,它从建筑内部到外部花园空间都强调空间的对称性,主轴、次轴、对景统一。在空间的处理上,强调对人的心理和视觉的控制,以达到表现君主专制的目的。整个空间秩序感强,大气磅礴。

(五)19世纪及以后时期

19世纪以后,由于新生资产阶级的政治需要,复古思潮占主导地位,"古典主义""浪漫主义""折衷主义"等建筑相继出现,但复古风格的建筑空间与社会文化非常矛盾。由于新的工业技术的出现和发展,原有的空间建筑形态已不能满足新的功能需求,新型建筑空间逐渐涌现。20世纪,随着现代主义建筑的发展,建筑空间的设计逐渐将注意力转向功能和用途。第二次世界大战后,世界范围内的趋势逐渐转向多元化,建筑空间的发展不再局限于某种固定的模式,而是不断拓展空间的内容和意义,根据需要解决实际问题。设计领域逐渐从关注形式和构图转向关注使用者的心理和行为,以满足人们对空间不同用途的需求。

在20世纪以后,西方建筑空间还出现了一些新的发展趋势。例如,随着人们生活水平的提高,西方建筑空间开始注重居住环境的舒适性和家庭聚会的便利性,因此出现了许多大型住宅小区和豪华住宅。

另外,随着经济的发展和城市化的推进,西方建筑也出现了一些大型城市规划项目,如英国的伦敦温布尔登和美国的拉斯维加斯。这些城市规划项目既为城市发展带来了巨大的变化,也带来了一些挑战,如人口过快增长、城市交通拥堵等问题。

此外,随着人们对环境保护的关注度越来越高,西方建筑也开始注重节能环保。许多建筑物都使用了节能技术和材料,如太阳能电池、地暖系统、能源回收系统等。

总体来说,20世纪以后,西方建筑空间出现了多种不同的流派和趋势,并出现了一些新的发展趋势,如大型住宅小区、大型城市规划项目和节能环保建筑等。这些发展趋势既为西方建筑空间的发展带来了巨大的影响,也为人们的生活带来了更多的便利和舒适。

二、中国建筑空间的发展

从中国传统建筑的发展来看，由于中国文化发展的连续性，中国传统建筑也具有相对稳定的延续性。这不仅表现在单体建筑的形态和空间演化上，更表现在整个建筑群的空间组织上，即空间组织的演化是房间→单体→院落→组团。

分析中国古代建筑空间我们发现，作为基本空间单元的单体建筑在空间形态上相对稳定，其功能由使用者的行为决定，创造出功能相对单一的行为可用空间。建筑空间的一般方法基本上是基于庭院中复杂的群体空间。在群体空间中，也有类似的空间发展理念，即注重在外部营造私密性、封闭性和领地性。

根据行为模式和历史阶段，中国古代建筑空间，主要是院落空间的发展大致可分为五个阶段。第六个阶段是 20 世纪以后的过渡时期。

（一）居住行为空间的产生

产生可居住的行为空间是空间建构的初始阶段（原始社会）。这一阶段属于中国社会发展的原始时期，由于各地气候环境条件不同，建造方法也不同。根据已发现的考古遗迹推测，大致可分为两类：一个是黄河流域民居的骨泥木墙，如竖墙、坡屋顶，它们奠定了后世中国建筑的基本形象；第二种是长江以南多水湿润地区的石膏板建筑。在中国古代文献中，就有巢居的说法。[①] 这种原始社会时期的木骨泥墙建筑和干阑式建筑，是经过人们有意识地加工而成的，具有初步的建筑形态。但是，这些空间的内部都比较简单，本质上是封闭的，从而营造出比较强的安全感和归属感。

（二）雏形形成时期（夏、商、周）

这一时期受礼仪文化行为的影响，在中国社会发展中属于奴隶社会时期。渐渐地，一个城市空间出现了。具有中国建筑特色的夯土木构架

---

① 《韩非子元典·五蠹》中言："上古之世，人民少而禽兽众，人民不胜禽兽虫蛇，有圣人作，构木为巢，以避群害。"

承重建筑和庭院式空间应运而生,产生了初步的影响。

西周时期,院落内部空间组织具有中轴线、厅堂、后室对称、内外有别的基本格局。宫殿的布局也设定了"前院后寝""三院五门"的空间组织。

与此同时,周代也出现了按照特定计划制度建造的都城。[①] 这种城制对以后中国古代城市空间的布局有较大的影响。

(三)基本成型阶段(秦汉至南北朝时期)

这一时期为封建社会初期,在建筑空间上强调中轴线,注重空间的气势和纪念性的营造,多建造高耸的宫殿和祭祀建筑,整个空间内遍布大型宫殿、园林空间,如秦代的阿房宫、上林苑,汉代的未央宫、建章宫等。

秦咸阳第一宫遗址就是一座高台建筑。平面图显示,建筑空间布局集中,宫殿围绕夯土台基而建,内部空间开阔、纵深。同时,建筑内部形成了相对复杂的空间组织关系,以适应宫殿的功能要求。从建筑立面的造型来看,由于土体的体积大,宫殿的外部空间非常宏伟。

(四)高潮全盛阶段(隋唐时期)

隋唐时期是中国封建社会早期发展的高峰期,也是中国古代建筑发展的高潮和繁荣时期。这一时期,木结构单体建筑、建筑群、城市建设、建筑设计和建筑技术都有了很大的发展。组团空间内部强化序列空间,气势恢宏,令人过目难忘;外部侧重于创建封闭城域,并且是高度封闭的。

隋唐时期,单体建筑的建造达到了很高的水平,相比秦汉时期,建筑内部空间更加开阔灵活。以佛光寺大雄宝殿为例,正殿面阔七间,进深四间,柱网由室内外两周组成,是为"金厢斗底槽"布局,内部空间与佛像形成有机整体。

群楼的空间组织布局严谨,设计灵活,有以中殿为主体、四周有回廊

---

① 正如《周礼·考工记》中所述:"匠人营国,方九里,旁三门,国中九经九纬,经涂九轨,左祖右社,前朝后市,市朝一夫。"

的院落布局,典型的例子有大明宫的麟德殿。这种回廊环绕的布局在唐代较为普遍。以寺院院落为布局单元,连续的组合也能营造出更加复杂多变的建筑群空间。

在城市规划方面,隋唐时期建立的长安城(大兴城)和以里坊制为基础的洛阳城规划周密,影响了以后中国城市结构的变化。

(五)继承、程式化阶段(宋至明清时期)

这一阶段为封建社会后期,建筑技术水平在群体空间布局、体量设计、室内装饰等方面日趋成熟。以北京为例,根据元大都的规划,城市道路呈简单的棋盘状,营造出规划良好的城市空间。整个城市呈南北走向,重要建筑分布在一条中轴线上,使整个城市空间井然有序、层次分明。

故宫是这一时期宫殿建筑群的代表作,内部富丽堂皇。空间序列通过一系列庭院逐渐发展。通过庭院连续封闭的空间和不同建筑立方体的对比,体现宗法礼制中皇帝的权力。这一空间序列的变化在人心中引起一连串的起伏,更凸显出宫殿外层空间的庄严肃穆之气。

同一时期,在继承基础上的住宅空间开发也得到了进一步发展。北方以四合院为代表。在仪式传统的规则下,建筑物沿南北轴线对称排列。内部前、中、后院落相连。以院落为主体,改变建筑空间,强调纵轴线,成为建筑体块的构成。住宅不对外开窗,使内部使用空间与外部自然空间隔绝,营造内敛静谧的居住环境,空间整体环境更加私密封闭。

南向生活空间的处理体现在私家花园空间的打造上。这些园林规模不大,但在室内空间的处理上,着重在有限的空间内营造出几个不同的观赏点,着重变换实景和对立景象,空间布置灵活多变。苏州留园的规划因地制宜,空间灵活多变,采用了借景、配景等多种空间处理手法。

(六)20世纪以后的转型期

20世纪以后,中国建筑空间发生了巨大的变化。随着中国改革开放的推进和经济的快速发展,建筑业也迎来了前所未有的发展机会。在这一时期,中国建筑空间的设计理念也发生了重大转变,由传统的中式建筑风格转向了西式建筑风格。许多建筑师开始尝试融合西方建筑理念和中国传统建筑的特色,并在设计中加入了大量的现代元素。

此外,20世纪以后中国建筑空间也迎来了城市化的潮流。许多城市在这一时期迅速扩大,建筑密度也随之提高。许多新兴的商业区、住宅区和办公楼也在这一时期建成,为城市带来了更多的活力和多样性。

中国建筑也受到了国际建筑的影响,出现了许多具有国际特色的建筑,如鸟巢和水立方等。同时,中国建筑业也开始注重节能环保,出现了许多节能建筑。

总体来说,20世纪以来,中国建筑空间发生了巨大的变化,从传统的文化建筑到现代的办公楼、住宅小区、购物中心等多种建筑类型都得到了发展。在城市规划方面,中国也出现了许多如上海浦东新区、北京朝阳新城等的大型城市规划项目,随着城市化的推进,中国建筑空间也出现了一些新的发展趋势。例如,中国开始注重城市更新和再开发,以提高城市整体效率和生活质量。同时,中国也开始关注可持续发展和生态建设,以应对城市化进程中出现的一些问题,如环境污染、能源危机等。

另外,随着中国经济的发展和人民生活水平的提高,中国建筑空间也出现了一些新的发展趋势,如公共空间和景观建设的加强,以提高城市的活力和观感。同时,中国也开始注重智能化建筑和智能城市建设,以提高城市效率和生活质量。

第三节　建筑空间的相关因素

一、建筑空间的功能分区

合理的功能划分,既要满足各功能部分紧密连接的需要,又要为分离创造必要的条件。联系的作用是实现使用的方便。分区的作用是区分不同的使用区域,创造相对独立的使用环境,避免使用过程中的相互干扰和影响,提供更好的卫生隔热和安全条件。公共建筑按功能要求划分,一般采用以下几种。

（一）分散分区

不同功能需求的房间根据具体的功能需求分布在几个不同的单体建筑中。这种方式可以达到总分区的目的，但是必然会带来合并的不便。因此，在这种情况下，就需要解决互联互通的问题，往往会修建走廊来连接不同的区域。

（二）集中水平分区

不同功能需求的区域集中分布在同一建筑的不同平面区域，各组区域水平相连或分隔。但连接要方便，平面形状不能过于复杂，以提供必要的分离，避免相互影响。一般来说，主要朝外、人流多或人流量大的房间应布置在靠近入口的中央，次要的朝内、人流少或安静的房间应布置在远离入口的区域。也有可能利用内院将中带分开。

（三）垂直分区

将不同功能需求的区域布置在同一栋建筑的不同楼层，并在垂直方向上进行组合或分隔。但要注意分层制度的合理性和各层房间数量和面积的平衡。垂直和水平运动的组织也必须紧凑和方便。分层布局的原则一般是综合考虑，根据各区域的功能要求、各种公用设施的特点和空间的大小进行布局。

二、建筑空间的形态特征

一个建筑空间的大小、高度、形状、开合程度，主要是由它的功能决定的，但巧妙地利用功能的特点，在组织空间、差异明显的空间中，可以有意识地结合不同表面和不同高度的空间，实现不同程度的开合，空间之间强烈的反差会使人在从一个空间进入下一个空间时产生情绪的起伏，可以达到一定的效果，即增强特定建筑空间的功能性或加深人们对该空间建筑设计的印象或唤起人们对设计师表达的思想的情感共鸣。在公共建筑的设计中，这种方法很常见。

公用建筑空间的基本形态特征主要表现在空间的大小、高低、形状和开闭程度四个方面,显示了不同空间形状和不同方向之间的对比。

(一)高大和低矮的对比与变化

如果两个相邻空间的体积相差很大,从小空间移动到大空间时,可以通过体积比较来鼓舞人心。不同类型的公共建筑在比较空间大小时往往会强调主体空间。最常见的形式是:有意识地在前面布置一个很小或很低的空间,通向一个大的主空间。穿过这个空间的时候,人们的视线是非常的不堪重负。如果视野突然扩大,会引起心理的突然变化和情绪的激动。圣索菲亚大教堂是使用这种技术强调主要空间的一个很好的例子。高大宽阔的大厅前有一个相对低矮的门廊,从门廊里走过去感觉不到建筑物的大小,比门廊大了好几倍,强烈的空间对比可以提升情绪,从而加深了人们对圣索菲亚大教堂主空间的宏伟和开放的印象。

(二)开敞和封闭的对比与变化

谈到建筑物的内部空间,人们对空间开闭的心理感受往往取决于室内光线的明暗程度和对其他空间的视觉感知程度。封闭空间往往没有窗户或窗户很少,或者封闭空间的界面材料不透明且在人的视线之上;开放空间往往有更多或更大的窗户,或者封闭空间界面材料是透明的,或者封闭空间界面高度低于人的视线。第一个空间一般较暗,与外界隔绝,容易让人产生压抑感;第二个空间更明亮,与外界的联系更紧密,让人感到快乐、开朗和舒适。当然,当人们从封闭空间走向开放空间时,人们对明亮和开放空间的认同感会随着强烈的对比而增强,从而获得情感上的愉悦和满足。在公共建筑设计中,常采用这种方法来营造空间氛围,表达某种情感。安藤忠雄水上教堂也采用封闭和开放空间的对比技术进行空间组织。建筑入口处和进入教堂主体空间前的圆形走廊相对狭窄且封闭。半圆形的旋转楼梯入口处,空间更加昏暗。此时人们的情绪都十分压抑,但当人们进入底层的主教堂时,顿时睁开了眼睛。开阔的空间引入光与景,秀丽的水面与远山尽收眼底,水中十字架庄严矗立。这个宇宙序列的布置,给人的感觉是在膜拜了许久之后,终于看到了神灵的模样,自然而然地营造出一种空间上的神圣感。

（三）不同形状的对比与变化

不同形状的空间也起到了对比的作用。不过，与前两种形式的比较相比，造型对人的心理影响较小，但这种比较至少可以达到求变、打破单调的目的。但是，往往空间的造型与功能密切相关，因此必须结合功能的需要，在功能发挥的情况下，对空间的造型进行相应的改变，使两者之间形成对比效果可以互相映照。

毕尔巴鄂古根海姆博物馆由现代主义建筑师弗兰克·盖里（Frank Gehrg）于 1991 年设计，是在不同空间和形状中运用对比技术的典范。建筑不仅在造型上打破了常规，在空间形态上也打破了常规，创造了多个形状对比强烈的内外空间。尤其是入口处的中庭设计，被盖里称为"将帽子抛向空中的呐喊"，打破了以往几何空间所没有的简单几何秩序，营造出强烈的视觉印象，光影流淌而下，穿透力极强。看了让人头晕目眩。

在北京华侨饭店的公共区域，选择了长方形、椭圆形、八角形等不同形状的空间，实现空间的对比和变化。

（四）不同方向的对比与变化

由于功能和结构的限制，建筑空间多为直角棱柱体。如果这些长方体空间垂直和水平交替连接，往往可以通过改变它们的方向来创造对比效果，而这种对比效果也有助于打破单调，创造变化。有时改变一个矩形建筑空间的方向，可以对空间中人的行动起到引导作用。

当垂直空间与水平空间相邻时，人们自然而然地从前一个空间移动到下一个空间。在卡纳克孔斯神庙中，虽然所有的空间都是长方形的，但纵横交替排列、方向的对比避免了建筑空间的单调体验。

第二章
建筑空间中的视觉元素

　　视觉元素是指在建筑空间中人眼可见的物体、纹理、色彩、光线和形态等对空间的视觉冲击力。视觉元素的选择和运用需要考虑建筑的功能、风格和所在环境等因素。设计者可以通过合理的视觉元素运用,使建筑空间更加舒适、美观和有意义。本章将对建筑空间中的视觉元素展开论述。

第一节　建筑空间中的点、线、面、体

从建筑内部空间来看,建筑空间由各个房间组成,可以说单体空间是最基本的建筑单元。下面我们从单个空间的角度来看空间的意境是如何塑造的。

空间的感知从实体开始,存在形式的基本要素是点、线、面。抽象画家康定斯基在论述点、线、面的特点和作用时说:点、线、面是最基本的造型语言和造型单位。它们具有符号和图形特征,可以表达不同的特征和丰富性。它的内涵和抽象的形式赋予了艺术以内在的本质和非凡的精神。在一个单一的室内空间中,点、线、面构成了建筑设计语汇中的基本视觉元素。

一、建筑空间中的点

点是平面构图中的基本造型元素之一,点在收集时,排列的形式、连续的程度、大小的变化,表达出不同的情绪。大小相同的圆点间隔均匀,给人一种稳定、平衡的感觉;按大小排列,给人以方向感和深度感;并且等距间隔,大小不一,给人一种不规则跳跃的印象。

表情点丰富多样,具有多种视觉效果。我们可以从以下四个方面来理解。

(1)单点,是具有一定作用的凝聚点。单点可以说是通过重力来控制空间。当该点位于图像中心时,该点稳定静止,强烈控制其他物体。

(2)双点,是点之间空间张力的结果。当两个大小相同的点在指定位置时,会产生线性关联。因此,两点不能构成一个中心。如果有两个大小不同的点,注意力会先到大点,然后逐渐转移到小点,形成从起点到终点的视觉效果。

（3）多点，它将形成一个排列的线性空间和一个封闭的虚面空间。当环境中有很多点时，点的不同布局和组合会产生不同的效果。有规律的布置，才能使空间井然有序；不规则的布置会产生混乱、动荡和不可预测的感觉。

（4）点群，足够稠密的相同点可以转化为面。大小不一的点并没有营造出表面效果，而是营造出"近大远小""近实远空"的空间感和动感。点群与点群之间会产生表面效应。如果这些点在某个方向上对齐，则会产生时间关联。

在陈列的构成中，点的运用主要体现在展品的位置关系上，即建立商品之间的大小和距离关系，同时要处理好主次关系、密度和积累关系。这不仅要有集中的点群，又要有散落的单点、双点、多点，才能收藏和散布，保证主次相称、有序。此外，我们还应该注意它们的平衡比例以获得舒适的角度。圆点（图2-1）具有自由、灵活、高动态的特点以及活泼的性格，在展示设计中也具有非常重要的应用品质。

图2-1 灯组成的点

在看陈列设计的物理元素时，将物体抽象出来，然后可以使用点光源、视觉中心的家具、墙上的小相框、凹陷的壁龛或不可靠和虚拟的地方等，被认为是点的积木，从平面构成的角度考虑它们之间的位置关系、聚散关系、大小关系、排列关系等,从而发挥点的内在张力。

二、建筑空间中的线

点的移动路径是一条线。除了长度和方向之外,一条线还需要考虑粗细和宽度。线条有直线和曲线之分,不同的形态特征给人不同的视觉感受。

从几何学的概念来看,线是点运动中的轨迹。在建筑空间展示设计中,如果一个物体的长宽比很大(通常超过 10∶1),则可以认为它是一条线。住宅环境中有很多线条的例子。例如,电线可以看成线,电线杆也可以看成线,电视塔、摩天大楼、水平带建筑、电梯的外立面(图 2-2)、河流从某一角度都可以看成是线。

图 2-2　线的运用

线条一般给人以方向感、运动感、高低感,也能反映身体的表面轮廓和表面状态。环境中的线条包括长度、粗细、直线、曲线和折线。其中,直线又可分为水平线、垂直线和斜线三种,曲线又可分为几何曲线和自由曲线。这些不同形状的线条有着不同的表现和个性,可以营造出不同的视觉效果。

（一）直线

简单的表情和性格一般给人一种简单、果断、清晰的感觉。其中，横线给人安定、祥和、宁静、慰藉的感觉；竖线给人以高贵、坚韧的感觉；斜线给人一种兴奋、速度、运动和进步的感觉。使用水平线、垂直线和斜线来组成展示可以让展示有不同的感觉。

1. 水平线构图

水平构图通常用于各种展示中。特别是对于一些大型展会，采用水平展示能起到更好的引导效果，可以满足客户从左到右或从右到左的自然走动视线，并以游动的角度列出所有展示的展品。另外，水平展示的特点是安静，可以满足客户的视觉舒适度。

2. 垂直线构图

垂直线就是我们常见的竖线，它的构图具有向上、稳重、共赢的感觉。由于陈列一般在距离地面 0.3～3 米的水平方向进行，利用竖线很容易将观众的注意力吸引到陈列品上，从而为主要展品营造一个重点展示区。人眼最自然的移动方式是左右移动。垂直线引起人们对上下运动的注意，改善了视野的同时使显示表面更充分地暴露出来。此外，垂直线可以用于定义空间。当水平平行线作为展品的基本线条呈现时，可以用垂直线进行分割，将观众的注意力吸引到展品上。

3. 斜线构图

斜线构图可以打破平行线和垂直线的稳定性，营造出动感丰富的视觉效果。这种曝光形式会使顾客感到新奇和兴奋，并产生动态、观望心理，达到意想不到的曝光效果。但在斜线的构图上，要注意控制坡度和势向，捕捉斜线与斜线之间形成的夹角。在生动活泼的变化中寻找统一与平衡。此外，向环境辐射的斜线可以形成扇形、半圆等多种形式，既可以将人的视线聚焦在焦点上，也可以将人从焦点引向四个方向，这种方式既可以突出重点商品，又可以突出其视觉形象，是一种有特色的陈列方式。

（二）曲线

曲线是柔软而有弹性的线条,具有优雅、柔软、轻盈、自由和运动的感觉。在几何曲线中,不同的曲线也代表不同的符号。其中,抛物线具有速度感,给人以流动、轻快的感觉;螺旋线具有上升感,给人以新的生命和希望;弧线具有向心感,给人以张力和稳重感;折线给人以节奏感和重复感;曲线有一种动态的平衡感,给人以秩序感和韵律感。利用这些具有不同表情和个性的曲线来表现形式构图,调整激活形象,避免枯燥呆板的形象,使节奏清晰流畅,给人以优美、活泼、生动的感觉。

此外,线条的粗细和长短也给人不同的感受。粗线条和短线条有刚劲、坚定、稳重、笨拙、固执等不同的表现;细而长的线条有着细腻、锐利、飘逸等不同的表现力。如果用不同的表达方式来表现不同的内容,视觉冲击是显而易见的。例如,几根粗壮有力的经典柱子和树桩,给人一种威严厚重的感觉,而用绳子或竹竿做成的背景,给人一种轻松、柔和的感觉。

表现构图形式的线条运用,也主要体现在确立画面的气势和基本骨架上。充分利用不同表情和个性的线条构图,要注意两个方面。首先是方向性。这意味着线条的位置延续了运动的方向性,平时不仅要注意方向的对比(不同的方向),还要注意回声和方向的过渡关系(同一方向)。其次,不同线条的构图并不是单一和孤立的,在展示空间中,连续和断续的射灯可以形成一条具有延伸感的线条。家具或装饰墙的造型、密集线条组成的隔断、灯光元素投射的光影线条、结构建筑元素产生的强烈排列线条等利用线条的组合,营造出独特的韵律。它是两条或多条线条的综合运用,目的是创造出丰富的构图。

三、建筑空间中的面

在几何概念中,面是线的运动轨迹。表面不仅具有点定位、空间张力、分组作用,而且具有线长、宽度、方向等属性。

建筑空间的界面主要是指墙面、各种隔断、地板和天花板。面具有长、宽、大小之分,没有厚薄之分。

表面分为平面和曲面,第一种由直线组成,第二种由曲线组成。不同的曲面造型给人不同的心理体验：几何曲面清晰、简洁、端庄，给人以理性秩序感；有机表面灵活、友好、圆润，给人一种活力感。

单个空间中的片状表面可以分隔空间或创建空间集群，营造出轻盈透明的空间感（图2-3）。不同的交错叠加片状表面方式，也将创造出灵活的空间形态，带来新的空间特征。

图 2-3　面的表现

表面的纹理和色彩也会影响人们的感受。例如，模仿自然形态的界面，如石面、水面，给人一种亲切自然的感觉；有悬垂或覆盖物的表面则充满情趣；表面不同的孔洞和光的反射给人以一种丰富的层次感。

表面有多种形状，但总体来说可以分为两类，即平面和曲面。平面又可分为几何平面和自由平面。

（一）几何平面

几何平面具有更简单、清晰、直接的表达方式。它的两种最原始的形状是正方形和圆形。以这两个形状为基础，可以变换出半圆、长方形、三角形、梯形、菱形、椭圆等各种几何形状，创造出不同的表情和个性。例如，正方形的笔直与明朗、长方形的刚劲与延展、圆形的稳健与柔美、三角形的刚劲与高低等,都会给人以不同的感受。

（二）自由平面形

平面自由造型随意灵活。其中,自由的直线面给人以直接、犀利、活泼、明快的感觉;自由曲面具有优雅、柔和、丰富的效果。表面的主要特征是大小和形状。因此,在面的构图上,要注重面的比例、方向、前后、大小。

在展览中,表面的构成体现在具体的商品、道具、装饰和标志之间的关系上。我们可以将表面视为任何展品或装饰、标牌等,并将其称为"图表"。可以将背景作为"底",调整与"底"的关系,使"画面"的大小、疏密、虚实、繁简、积散、开合呈现不同。可以采用重复或渐进的方法,使画面具有节奏感和韵律感;也可以用对称的方法来平衡图像中的"圆";或使用对比使画面清晰生动;或用和谐来达到形象的和谐统一。

在展览的形式中,平面的构图类似于二维空间中的一幅画,展品的配置过程类似于绘画中图像元素的管理。根据不同的形状、大小、色彩、纹理、表情和个性进行正确的组合和搭配。其中,确定图像的主要元素,并给予充分的表现和强调,以曝光主体图像,突出主体,使其成为焦点,是非常重要的。

在显示形式的面的构成中,也有这样的启示,即根据不同面的形状特征形成图像的主骨架。例如,以正方形或长方形为主要形式的组合,以圆形、三角形、梯形、椭圆等各种形状元素为形式的组合。

值得注意的是,真实表面不同于虚拟表面,在展示设计中,可以采用密集的点线或透明材料的排列来营造出透明的虚拟表面,如玻璃、磨砂玻璃、纱布等窗帘、隔断等,这样的虚拟面能造成空间的连续感和相互穿插感,使之既分离又相连,既分离又连续。

四、建筑空间中的体

体是指物体的体积。身体除了在视觉上给人物理体积感外,还会引起心理上的体积感。心理上的体积感更多的是来自形体的本质感,如个子高的人会给人强壮的感觉,而瘦的人会让人觉得苗条轻盈。这一切都是因各种物理形态对人的心理作用所致。本体的形状也多种多样,如正方形的面可以加厚形成立方体或长方体,圆形的面可以加厚形成圆柱体。由于体积占据三维空间,其视觉感受比点、线、面更强烈。

空间中块的视觉印象非常强烈。身躯能挺拔,棱角分明,体现刚毅,亦可柔软有弹性,展现亲切舒缓的女性气质;也可以是生态模仿的有机形式,表现出奇幻的主题。同样的形状,不同的块体尺度给人不同的心理感受,块体的交叉和连接也会影响人们的视觉感受(图 2-4)。

图 2-4　体的表现

可见,点、线、面、体在一个空间中的作用是巨大的,在设计中要综合利用点、线、面、体的各种形态特征,将平面的构成方法结合到空间设计中,从而更好地把握空间艺术风格进行设计。

第二节　色彩的视觉冲击

一、色彩的物理、生理与心理效应

（一）色彩的物理效应

色彩是一种情感语言，表达人内心生活中极其复杂的感受。梵高说：没有错误的色彩，只有错误的搭配。在最能体现敏感、感性特征，与人们生活息息相关的陈列设计中，色彩几乎可以说是它的灵魂。得益于现代色彩科学的发展，人们对色彩功能的认识不断加深，使色彩在展示设计中发挥着关键作用。经验丰富的设计师非常注重色彩在陈列设计中的作用，以及色彩在人体物理、生理和心理中的作用。他们利用人们对色彩的视觉感受，营造出富有个性、层次感、秩序感和意境的环境，从而达到事半功倍的效果。色彩是展示设计中最具活力和最活跃的因素（图 2-5）。

图 2-5　展示设计中的色彩表现

色彩是设计中最具表现力和感染力的因素,它通过人们的视觉感知产生一系列的物理、生理和心理效应,产生丰富的联想、深刻的含义和符号。在陈列环境中,色彩应主要满足功能和精神上的要求,以让人感到舒适为目标。色彩本身具有一定的特点,在陈列设计中充分利用这些特点,会赋予其动人的魅力,使陈列空间熠熠生辉。

1. 温度感

在色彩学中,把不同色相的色彩分为热色、冷色和温色,从红紫、红、橙、黄到黄绿色称为热色,以橙色为最热。从青紫、青至青绿色称冷色,以青色为最冷。紫色是由红(热色)与青(冷色)混合而成,绿色是由黄(热色)与青(冷色)混合而成,因此是温色。这和人类长期的感觉经验是一致的,如红色、黄色,让人似看到太阳、火、炼钢炉等,感觉热;而青色、绿色,让人似乎看到江河湖海、绿色的田野、森林,感觉凉爽。但是,色彩的冷暖既有绝对性,也有相对性,愈靠近橙色,色感愈热,愈靠近青色,色感愈冷。例如,红比红橙较冷,红比紫较热,但不能说红是冷色。此外,还有补色的影响,如小块白色与大面积红色对比下,白色明显地带绿色,即将红色的补色(绿)的影响加到白色中。

2. 距离感

色彩能使人感到前后、凹凸、远近。一般来说,暖色和高明度的色彩有向外、向前、前进的效果,而冷色、低明度的色彩有后退、向后、向内的效果。这些色彩特征通常用于室内设计以改变空间的大小和高度。客厅以白色为背景,家具以浅色为主,给人亲近的感觉;餐厅采用冷色调,让人感觉很遥远。

3. 重量感

"色重"主要看明度和纯度,明度和纯度高者显得鲜艳,如粉红色、浅黄色。在室内设计的构图上,常用于满足平衡、稳定的需要以及轻盈、严肃等性格表现的需要。基材的亮度和纯度低,看起来很重;枕头的亮度很高,看起来很轻。

4. 尺度感

色彩对物体大小的影响涉及两个因素:色相和明度。暖色和明亮的色彩会产生漫射效果,使物体看起来更大。虽然冷色和深色是一致的,但物体看起来很小。通过对比有时会表现出不同的明暗和温暖,房间内各种家具和物件的大小与整个室内空间的配色密切相关,色彩可以改变物件的尺度、体积和空间感,使内饰的各个部分更加和谐,它们之间的关系更加协调。比如,大地背景和深色书架,可以增强空间的连贯效果,空间不显得空旷,视觉相对集中。

(二)色彩的生理和心理反应

生理心理学表明,感受器能将压力、光、声、化学物质等物理刺激能力转化为神经冲动,传递给大脑,产生感觉和知觉。人类的心理过程,如对过去经历、思想、情绪和注意力的记忆,是由大脑的高级部分执行的。

费尔发现,当暴露在不同色彩的光下时,肌肉功能和血液循环会发生变化,其中蓝光最弱,随着光的色彩依次变为绿色、黄色、橙色和红色而增加。库尔特·戈尔茨坦对一名患有严重平衡障碍的患者进行了实验:当她穿上绿色衣服时,她可以完全正常地行走,但穿上红色衣服时,她几乎不能走路,而且经常有摔倒的危险。

色彩具有丰富的含义和符号。人们对不同的色彩会有不同的心理反应,这往往是由于人们对色彩的生活体验和联想所造成的。此外,还与年龄、性格、成就、国籍、生活习惯密切相关。例如,看到红色,就会联想到太阳、生命之源,从而感到崇敬、伟大,也可以联想到血液,从而感到不安、野蛮;看到黄绿色,就会联想到植物发芽生长,感觉到春天的来临,于是把它作为青春、活力、希望、发展、和平等的代表;看到黄色就会联想到阳光普照大地,感到明朗、活跃、兴奋。色彩对人的物理作用(如冷热、远近、轻重、大小等)、色彩对人的感情刺激(如兴奋、消沉、开朗、抑郁、紧张、镇静等)、色彩的象征意义(如庄严、轻快、刚柔、富丽、简朴等)像魔法一样地被人们用来创造心理空间,表现内心情绪,反映思想感情。

二、色彩环境与气氛

色彩是展示设计的重要元素,易于实现效果,也是方便构造的元素。想要改变空间的氛围,从色彩入手,花很少的钱和时间就可以达到目的,甚至可以改变空间的功能。

色彩可以影响观者对空间和光线的感知,可以表现冷暖、新旧、远近,哪怕是最细微的色调变化,也能使整个展览空间感觉更温暖或更开阔。设计师可以用欢快、喜庆的色彩来装饰死角,给人一种欢乐、明亮的视觉效果,让人心情愉悦。色彩的巧妙运用,可以烘托周围环境,使展示空间栩栩如生,让平凡的展示环境变得与众不同,从而更好地展现自己的个性(图 2-6)。

图 2-6 展示设计中的色彩氛围

形式、色彩和材料是展览空间设计最基本的三个要素,而色彩是比形式更敏感的元素。色彩比形状具有更强的视觉冲击力,能使参观者产生更强烈的心理体验。与其他视觉元素相比,色彩能使人在极短的时间内感受到空间的特定氛围,直接刺激人的生理和心理。在展览空间的设计中,色彩已经成为一个非常重要的元素,我们应该科学地分析它的属性和特点。

（1）环境色。展示柜的界面色彩（吊顶、地面、四面墙）在构成展示环境的色调中起着主导作用,需要慎重考虑和考量,以适应不同的展示空间风格。

（2）展品色。展品的色彩是展示设计的核心要素,其他色彩因素起到衬托作用。

（3）展示版面色。展示版面色是介于环境色彩和展品色彩之间的中间色,是重要的视觉背景和视觉媒介,不应天马行空,而应自然协调。

（4）道具色彩。道具的色彩是为了强调展品的色彩,提高展品的展示效果,也是展品色彩中不可忽视的重要因素。

（5）灯光色。灯光色是色彩组合中的重要组成部分,对增强或柔化、统一展示空间的基调、传达展示环境的气氛等有着重要的作用。

三、展示空间的色彩整体策划

色彩的整体设计是一个设计系统,需要综合考虑为什么要设计？它是给谁的？项目需要什么？或者能创造出什么样的市场价值等。

（一）商业专业展示

在商业陈列的色彩设计中,往往需要考虑展示物体本身的一些内在色调特征,使目标受众产生联想。同时,它也是一种呈现对象的方式,以释放新概念和新信息。因此,设计师还必须了解和分析展示对象在市场上的主要定位,了解不断更新和演变的色彩定位,以适应展示对象,引导市场需求。

在商业和专业展览的色彩上,我们尽量使用陈列对象原有的原色,保持展厅和展道的协调,体现展览内容的视觉连续性,帮助观众保持最佳状态。

一般来说,在商业和专业展览中,如果展览空间原有的色彩与展览地面不匹配,可以通过改变地面、营造空间结构、调整灯光来纠正和补偿。

大型展览活动有时包括几个展厅,每个展厅又分为几个展区。再根据整体基调对每个展厅、展区、展台进行个性化的设计色彩,使整个展示效果具有统一性、连续性和独特性。

（二）陈列空间展示

（1）展览空间中的主色调是大面积的色彩,是区分其他室内物体的底色。

（2）在背景色的衬托下,凸显室内道具、展品的主色调。

（3）展厅内用灯光装饰和点缀的面积虽然小,但能突出一个关键的色彩。

（4）这里需要注意的是,如果陈列道具和展品距离周围墙壁较远,则这两个层次既可以用对比的方法来增强差异和变化,也可以用统一的方法来减弱变化或合二为一。在大部位协调色彩时,有时只能区分一两件装备,即可以利用制服、天花板、地板、墙壁和道具来突出装备。

（三）室外空间展示

整体色彩展示规划要求实用价值与审美价值的紧密结合,达到科学与美学的统一、技术与艺术的统一。配色方案应强调人与陈列物品的关系,最终力求人与自然环境、社会环境、视觉表现的和谐。

四、展示设计的色彩表现

展示设计时要考虑很多因素,如展览空间的布局,时间的安排,展览的性质和形式,特装展台的形状、灯光、观众、材料的搭配以及一般和局部展览色彩的使用等。影响色彩的因素主要包括习惯、民族、感性体验、情绪状态、年龄、文化水平和社会时尚。不同的国家和地区、不同的人对色彩的喜好有很大的不同,不同的展示空间对色彩的要求也不同,因此色彩是陈列设计时需要重点关注的一个因素,但色彩往往被忽视。

色彩之间的协调是展览会色彩设计的关键。因为色彩是给人的第一印象,色彩的协调与否关系到整个展区的效果。

（一）根据不同的展览掌握色彩设计的基本要领

在布置展览空间时，配色方案受多种因素的影响，但应注意：色调应与展览、企业文化和展品相一致，配色方案应促进展览主题的接受，尊重参观者的喜好、禁忌和展示习惯。不同的展会对色彩的要求不同，如医药展、招聘会、儿童展、电子展、房产展、汽车展、动漫展等，这些展会要搭配不同的色彩，塑造不同的氛围。例如，绿色给人沉稳之感，有助于消除疲劳；紫色给人安全感；蓝色增加气氛；荷花的色彩体现了优雅和温柔。在一定条件下，色彩还具有象征性或象征意义。暖色常用于绿色食品、婴儿用品、床上用品等；冷色常用于仪器仪表、计算机硬件、医疗设备等。

设计师根据展览的主题和展览的时间来设计展厅的基调（图2-7）。在展示商业产品时，设计应以比较干净、充满活力的色调为主，更要强调产品，传达产品的商业氛围。那些强调历史主题的人往往会寻求更厚重和更平静的色调，以更好地反映展览内容的历史和浓厚的文化。

图2-7　具有科技感的展厅设计

色彩不仅能吸引顾客的眼球，引起观众的共鸣，还能激发参观者的消费欲望，激发参观者的消费冲动，营造交易氛围，促进现场交易的发生。色彩明度高的展示空间让人感觉轻快活泼；色彩明度低的展示空间，给人以严肃、庄重、使命感的感觉；而中等亮度的展示空间则让人感觉沉稳稳重。

从展览空间的角度来看,色彩与展览空间的周围环境息息相关,尤其是在展览中,具有不同固有色彩的物体对光线的反射会影响到其他色彩。同时,不同的环境也会通过外部环境、自然条件在展览中得到体现,因此色彩应与周围环境相协调。

曝光时间要充分考虑季节因素,有的地方有春夏秋冬四个季节,气温变化很大,所以要充分注意色彩方案。例如,冬季展会室外寒冷,配色应以暖色调为主,给人以温暖、兴奋的感觉,弥补人们的心理需求;夏季展会室外酷热难耐,设计应以冷色调为主,给人沉稳、优雅、凉爽的感觉。

（二）展示设计中色彩运用的方法

展览配色方案的基本任务是色彩的搭配。研究表明,如果将亮度从白到黑分为十个等级,最好将变化控制在三到五个等级。比起三级以下的色调,会让人觉得沉闷、没有生气;比起五级以上的色调会让人感到烦躁,加速眼睛疲劳。

色彩效果取决于不同色彩之间的关系,同一种色彩在不同背景下的效果千差万别。机舱的色彩不宜过多,要营造出更明显的系统。为了达到这个目的,可以利用色彩的三个属性（色相、明度和纯度）:当整个展示空间被不同的深浅划分时,需要每个区域的色彩有一个明显的系统,或使用同一明度、纯度,不同深浅的色系,或用同色系或相近色系稍有深浅差异的色系,或者使用不同的色调来降低彼此的亮度和纯度,以最大限度地提高显示区域色系的完整性。只有这样,才能使人赏心悦目,本能地使色彩刺激适应不同人的喜好和不同的视觉感受,以保持视觉的生理平衡。视觉的生理平衡有赖于和谐色彩系统和互补关系的建立。

仔细研究展示设计的色彩构成。色彩在构成展示设计中起着重要的作用,因为它可以吸引参观者的注意力,增加他们的关注度;能赋予展览节奏感、收缩感和扩张感;可以虚构陈列的空间形态,打破陈列原有的布局,独特的空间布置使产品的材质与陈列对象的肌理形成内在的联系。

在展示设计中,要注意主次色的关系,主色调决定了展览空间的基调。色彩的统一和变化是色彩构成的基本原则。为了获得更好的展示

效果,应在特定的协调中应用重复、呼应、节奏和对比等方法。解决色彩
之间的关系是色彩构成的关键,显示色彩可以分为很多层次,色彩关系
随着层次的增加而复杂,随着层次的减少而简化。可以很好地利用背景
色和重复色,增强曝光效果,使展示设计做到多样性中的高度统一,统
一而不死板,多变而不混乱,有序而不单调,色彩要有主从和中心,形成
一个完整和谐的整体(图 2-8)。

图 2-8　服装展示中的色彩运用

　　(三)总体统筹各参展元素的色彩搭配

　　首先,主入口广场和展览主入口的色彩必须具有表现力。室外场地
是展览的门户,参观者对展览的第一印象,也是展览室内设计的总体反
映,所以室外场地的色彩应该综合概括室内的主色调。不同的展览有不
同的户外色彩要求。对于儿童,可以使用更明亮的浅黄色和浅蓝色;对
于节日,可以使用更喜庆的红色;为了节能,可以使用浅蓝色;对于农
业,可以使用绿色;对于房地产,可以使用蓝色。根据季节使用不同的
色彩,春季和夏季使用冷色调,冬季使用暖色调。有的展览,色彩不宜太
浓,反差不宜太强,要深谙"高和少反差"的原则。在展示设计中,色彩

的运用首先要考虑参观者的感受,只有大多数参观者都认同,展览才有价值,才会成功。在展示设计中,设计师根据展览的主题要求,分析空间环境、物品陈列等因素,从色彩上进行艺术设计。如果希望展会具有明亮时尚的显示效果,请尝试使用纯色,而不要使用像鲜红色和绿色那样过于鲜艳的色彩。

总体来说,展览色彩所要达到的效果应该是一个和谐的整体,既统一又有个性。展览会的色彩设计可分为三个层次:展馆外的色彩设计、展馆内的色彩设计、参展商根据展览空间大小的色彩设计。场馆外的配色占据主导地位,是需要覆盖所有展览活动的大效果;设施内的配色方案要求协调和谐;参展商的色彩在协调上提请注意个性。

设计师根据展品的特点设计展品的色彩。每种类型的展会都有自己的色彩标准。在展会室内外配色方案中,应确定展会的色调,体现在电视广告、报纸广告、墙报、悬挂条幅、气球、POP 工厂公告、告示牌及展会背景等方面,让进入展厅的参观者与展览的色彩有充分的目光接触,从而加深对展览的印象,不仅会促进整个展览色彩的和谐统一,也有助于形成展会品牌效应。

需要协调好展区与参展群体之间的色彩关系,既要协调统一,又要有个别变化(图 2-9)。用色彩来连接和区分它们,创造出一种有节奏、和谐的色彩关系。总体来说,要做到色彩的和谐统一,使它们的深浅相承,承上启下,形成一种渐进、新颖的关系。同时,每组展商在本次展览空间营造出更符合展品特点的基调,在基调上从其他展览空间中脱颖而出,不至于因为单调而失去探索的兴趣和无聊。至于混乱和无序给人带来的尴尬,更有利于突出中心、突出主题、突出品牌、宣传公司、突出产品。

一个展览要考虑的因素很多,而色彩很容易被忽视。好的展览色彩设计不可能一蹴而就。这需要长期的积累和探索,捕捉不同物品、不同人群、不同地域、不同风俗、不同季节、不同行业等因素。展览是一个多面性的行业,需要丰富全面的知识和对色彩的深刻理解,只有这样才能善用色彩,做出好的展示。

图 2-9　暖色调展厅

五、展示环境中色彩设计的原则

色彩设计在陈列设计中起着改变或创造某种风格的作用,会给人们带来一定的视觉差异和艺术享受。当人们进入某个空间时,最初几秒内75％的印象是色彩,然后才理解形状。因此,色彩是人们给人的第一印象,是设计展示时不可忽视的重要因素。陈列环境中的色彩设计应遵循一些基本原则,这些原则可以更好地使色彩为空间的整体设计服务,达到更好的效果。

（一）整体统一

在展示设计中,色彩和谐类似于音乐的节奏与和谐。在展览环境中,不同的色彩在空间中相互作用,最基本的关系是和谐与对比,合理处理这种关系是塑造展览空间氛围的关键。色彩搭配是指色彩三要素之间的协调,既要营造出统一感,又要避免过于平淡、乏味、单调。因此,色彩的和谐应表现为对比中的和谐、对比中的衬托,这种对比包括冷暖对比、明暗对比、纯度对比等。

在展示设计上,过多的反差会让人头晕目眩、焦躁不安,甚至会让人感到过度刺激。因此,掌握色彩搭配的原则,协调好和谐与对比的关系就显得尤为重要。鲜艳的色彩为陈列的设计增添了不同的情绪,而和谐是控制、完善和增强这种氛围的主要手段。只有仔细分析和谐与对比的关系,才能使呈现的色彩更具诗意,富有艺术思想和氛围。

(二)人对色彩的感情规律

不同的色彩会唤起人们不同的感受,因此在确定展示空间的色彩时,应考虑人对色彩的情感规律。例如,给老年人选用给人安定感的配色,沉稳的色彩有利于老年人的身心健康;青年人,适合选用高反差的配色,让人感受到时光的清风和生活的快节奏;儿童适合选用纯度比较高的色彩;运动员适合选用淡蓝色和浅绿色,以消除兴奋和疲劳。

(三)色彩丰富

只有统一而不改变,会缺乏活力。陈列设计在色彩、色调、纯度、亮度等方面应有规律、有序的变化。

(四)突出主题

由于参观者接触到的最大形式是展体的构成,而展品是主要的视觉对象,因此展品的色彩应着重强调展体的构成、空间的氛围和展品。色彩是陈列环境设计的灵魂,陈列空间中的色彩对陈列设计的空间感、舒适度、环境氛围、使用效率、人体生理和心理都有很大的影响。色彩是充满情感和变化的,色彩因素在设计中的巧妙运用,往往能产生意想不到的效果。色彩是大自然赋予人类的最宝贵的资源之一。它赋予人类"建造"整个世界的机会。因此,应给予充分的自由,利用色彩的功能特性,营造和谐舒适、富有情感魅力的展示空间环境。

第三节　光与空间

一、光源概述

（一）光和光源

可见光是一种能引起视觉的电磁波。人眼只有在有可见光的情况下才能看到物体，只有在亮度满足一定要求的情况下才能分辨色彩。当任何物体的温度高于绝对零度（-273℃）时，都会发出不同波长的电磁波，其能量含量可用测量仪器测量。人眼只能感知一小部分电磁波，即波长在 380 ～ 760 毫微米之间的电磁波，称为可见光。不同的波长会引起不同的色感，一般光源都含有不同的波长，称为多色光。只包含一个波长的光称为单色光。

1. 光强度

光源发出的光的强度称为发光强度，它是表示光源在一定方向范围内发出的可见光辐射强度的物理量。

2. 照度

照度表示被照物体表面单位面积接收到的光通量的密度。照度与距离成反比。

3. 亮度

亮度是指被观察物体在视线方向上设备投影面上的光强度。亮度高是造成眩光的原因，在光照强度不变的情况下，受光面积越大，亮度越低。

4. 眩光

当光源（或反光镜）的表面亮度在视野中过高时，人眼会感到刺眼不舒服。眩光的强度因眼睛的角度而异,眩光会损害视力。

(二)光源的形式

1. 自然采光

利用自然光是最基本的采光形式(图 2-10),既能使人在心理上产生与自然的接近感,又可节约能源。室内采光效果取决于采光部位和采光口的面积大小和布置形式,一般分为侧光、高侧光和顶光三种形式。

图 2-10　浴室展厅自然采光设计

自然采光一般采取遮阳措施,以避免阳光直射室内产生眩光和过热的不适感觉。

2. 人工照明

人工照明是使用人工光源的照明(图 2-11)。人工光源主要有白炽灯、荧光灯和高压放电灯。不同类型的光源具有不同的光色和显色性,对房间的氛围和物体的色彩会产生不同的影响,因此应根据不同的需要进行选择。

由于人们对会展照明环境的审美要求和对视觉的生理要求复杂多样,裸光源显然不能满足这些要求,而且不能满足显示的需要,有时还会造成眩光。这就需要使用遮光罩来避免眩光。

图 2-11   人造光源

二、色光效果设计

色光可以使投射范围内的所有物体都偏向于光源的色彩,它还具有营造一定气氛、一定情绪、一定趋势等的能力。

特定的色彩可以给人一种特定的心理感知,这是任何对色彩和心理学知之甚少的人都熟悉的。与景物的色彩不同,照明系统的光色对图像的影响通常是整体的、较大的,因此其感知的具体效果通常很强。当然,这也限制了彩色光的放置,往往不允许对主体进行更细致的处理。

只有夸张的表现手法才会使用彩色灯光作为主秀的灯光,其他彩色灯光通常是为了模拟自然光的效果。

（一）色调的冷暖

这是色调对感知的最明显的心理影响。一般来说,色调可以从暖色到冷色设置如下:红、橙、黄、绿、青、蓝、紫。

当然,同一色系的不同色种相比之下也有冷暖的区别,以下的几种色系依从暖到冷的排列顺序如下。

红色系：朱红—大红—西洋红—玫瑰红—紫红—深红

黄色系：橘黄—中黄—淡黄—土黄—生黄—柠檬黄

蓝色系：钴蓝—群蓝—普蓝

绿色系：中绿—翠绿—橄榄绿—深绿

棕色系：土红—赭石—熟褐—生褐

光的冷暖印象对塑造主体的情绪和背景的气氛非常有效,是常用的夸张表现手法之一。

背景中的色彩和环境光,冷色调的均匀照明表现出严肃和平静,以主体为中心的局部照明可以表现出阴森恐怖的气氛。另外,图像的暖色调可以营造一种明亮、舒适、温暖和愉快的气氛的效果。

（二）色彩的明度感

色彩的纯度等于光线的明暗程度,不同的色彩给人的明快感是不一样的。其中,黄色的亮度最强,其次是橙色和绿色,红色和蓝色的亮度较低,紫色的亮度最低。

色彩的明度要求色光布局遵循以下原则。

（1）在高光色和低光色的匹配或转换过程中,如果要使它们的亮度一致,低光色的纯度要小一些,高光色的纯度大一些。

（2）日光背景应比主体色彩浅。在想让对象脱颖而出的情况下应避免使用红色和蓝色背景以及绿松石色和黄色对象。在明亮的环境中,黄色通常显得非常明亮,其视觉特征几乎保持在最低限度。无论蓝色背景多么明亮,它仍然有夜晚的感觉;而红色背景给人的感觉是夕阳西下,黄昏将至,很难给人白天的印象。相比之下,黑暗环境中的黄色和青色物体可以在柔和的背景下很好地脱颖而出,给人留下深刻印象。

（3）画面的构图也可以运用光色的明暗对比。在早期的电影制作中,由于对明暗对比度的高容忍度,经常使用刺眼的色调、高对比度的照明方案。目前,由于彩色电视的拍摄,场景的对比度不能太高,多机位拍摄、现场剪辑的电视制作方式,要求在演出场所使用高光承印物,如主要形式的灯光。

在这种平面照明设计中,色彩对比成为图像构图的主要方法。对比主要是为了突出一个物体。如果照明条件允许,通常应该在拍摄对象上使用轮廓照明。黄色或橙黄色的光应该是首选的光色,而红色和蓝色的轮廓光只适合暗色调的照片。

此外,灯光师在向客户解释灯光的质量和数量时,必须具备表达灯光的语言素质。

三、采光的方式

展示的照明方式可以从照明的功能、光源的光位和照射方式进行分类。

（一）按照明的功能分类

1. 整体照明

整体照明也称普通照明或基本照明。它的主要功能是提供足够的照明亮度,使顾客更容易在店内走动和观看部分陈列。普通照明的任务是使人们清楚地看到展览空间的通道和装置,并有效地识别展品。光源通常选择显色指数高的光源,以满足基本的视觉要求,同时提供特定的照度和亮度。

在规划销售点的灯光时,首先要考虑区域的功能分类和品牌要表达的主次关系。一般区域只需满足基本照明即可,对于重要部位,应加强照明强度,使整个店面明朗、富有韵律感。

不同定位的品牌在灯饰设计上有很大差异。总体来说,中低价位企业门店的一般照明都比较明亮。高端品牌为了营造更独特的场景氛围,往往会降低整体灯光,增加局部灯光的强度,使灯光更加聚焦,让灯光更具层次感。

2. 重点照明

重点照明,又称聚光灯,是有意设计用来突出或强调一些重要陈列物品的色彩、材质、形状等或用于艺术表现的。重点照明需要有一定的亮度,才能使陈列的物品脱颖而出,吸引顾客的注意。因此,通常采用集中光照射。橱窗在销售点中起着举足轻重的作用,橱窗设计的美观与否往往决定了顾客是否会进店,因此橱窗照明通常采用重点照明。一般在关键部位采用局部照明。此外,贵重珠宝等高端产品通常采用局部照明来强调产品的炫目视觉效果。

对于流行和旗舰产品,使用重点照明非常重要。重点照明不仅可以给产品带来立体感,而且强烈的光影对比有助于突出产品的特点。当然,重点照明也可以应用在橱窗、LOGO、店内模型上,增强独特的品牌效应。常用的重点照明设备主要是射灯和壁灯,也可以根据产品的具体情况选择相关设备。

3. 装饰照明

装饰照明,也称气氛照明,不仅可以调节气氛,还有助于有效地传达信息。在店内,主要以改善购物环境、吸引顾客和促进销售为目的,往往通过色彩和动态变化以及智能灯光控制系统来营造气氛。

装饰照明通常不照亮陈列的物品,而是对陈列物品的背景、店面、墙面等进行特殊的照明处理。目前,光纤照明、LED 照明、舞台照明等新技术正在应用于装饰照明。

特殊的灯光氛围可以营造出戏剧性或超现实主义的氛围,营造出独特的艺术魅力,并夸大展品的特色,从而吸引更多的注意力,给观众留下深刻的印象。

4. 应急照明

应急照明,又称应急安全照明或安全照明,是一种独立的照明系统,用于保证展厅内人员安全疏散,尤其是在商场展示中,当展区供电中断时的应急响应可以应对地震、火灾等自然灾害。通道、楼梯间和安全出入口应设有发生灾害时能自动点亮并能提供 90 分钟不间断照明的应急照明光源。

（二）按不同的光位分类

展示照明由于光源角度和方向的变化,被照物体会产生不同的光影变化。同一个物体在不同的灯光效果下会产生不同的视觉效果。掌握对光线变化路径的控制和捕捉,可以表现出产品不同的 3D 效果、质感和层次,使展示的产品更具吸引力。

展示的照明按照光线的入射角度主要分为以下几种。

（1）前灯。光线直接来自产品的正面。前灯照射的产品表面会有明亮的光感，从平面上可以充分展现产品的色彩和细节。但立体感和质感较弱。

（2）前侧灯，指从正面上方约45度到60度投射的光。这是橱窗展示中最常用的灯位，也是展示空间内悬挂样品和模型的理想灯位。前侧光使模型层次分明、立体感强，因此在展示空间中会得到广泛应用。

（3）正面侧光。侧正光，也叫90度侧光，是从展体侧面照射的光，使被照展品呈现强烈的明暗对比。所谓阴阳面，在展览中一般不会单独使用，只是作为辅助光。

（4）顶光。光源直接落在商品上方，这种布光方式旨在集中和加强被照物品的展示，在展示空间中，适用于服装配饰照明或空间内的基础照明。这种照明在模特面部会有强烈的明暗分离效果，不适合照亮模特，同时在试衣区，消费者也需要避免在顶部使用这种照明方式，否则会大大影响效果。

（三）按照射方式分类

1. 直接照明

直接照明是指将光源直接对准货物或空间物体以充分利用光输出的一种照明形式。它具有直接性、对比度强、照度高、消耗低的特点，但容易产生眩光。

2. 间接照明

这种照明方式是光源通过光栅将光投射到天花板或墙壁上，再反射到显示面上的一种照明方式。其特点是光线均匀柔和，光线微妙，光线适中，消耗适中，不刺眼。

3. 漫射照明

这种照明形式用半透明的灯罩覆盖在光源上，可以使周围的光线均匀扩散，具有光线均匀柔和、低照度、高磨损、无眩光等特点。

四、展示照明的设计原则

(一)主次分明的设计原则

陈列空间中各部分灯光的主次关系,应根据其在店内的作用来排序。非必要照明部分应满足基本照明要求,并为重点展示区域或展品提供充足的照明。

(二)真实显色的设计原则

人们对色彩的挑剔是选择的一个重要因素,不同光照条件下的色差非常大。因此,选择显色指数高的光源,忠实反映被显示物体的自然色彩,是展示设计的一个基本原则。陈列照明应选择接近日光的光源。

(三)合理使用光源的设计原则

在展示设计中,有时可以使用彩色光源来营造特殊的氛围。但是,如果是重点展品,则需要选择能够忠实再现展品色彩和质感的光源,并提供重点照明。

在展览环境中,空间的划分也可以通过改变灯光的亮度和颜色来完成。一个光线的变化,可以让同一个空间产生丰富的视觉变化,展现韵律和起伏之美。如果一些品牌店在同一个陈列区陈列不同品类的产品,既可以通过改变灯光来区分不同的区域,也可以通过灯光的变化来分割重点展示区和非重点展示区。

另外,在展示的设计中,出于安全考虑,应尽量少选择在点亮过程中会产生高热量的光源。对贵重的展品进行照明,应选择不含紫外线的光源,以免紫外线对物品造成伤害。

(四)节能、环保的设计原则

商品的视觉效果在很大程度上取决于有效的照明。照明设备的选择应根据照明效果的要求，在上述展会照明条件下，光源的选择应考虑节能、环保、经济的原则。根据不同展品的不同用光需求进行设计，科学用光。光照强度要恰到好处。过度的光线不仅浪费能源，而且会破坏展品的形象。

（五）合理运用照度的设计原则

展示空间的灯光设计应充分考虑顾客的生理需求和心理感受。如果可能，避免光线太强且容易造成眼睛疲劳。照度[①]和亮度[②]必须符合品牌定位和产品特性，并能为产品增值。在相同的照明条件下，高亮度的物体比低亮度的物体显得更亮。照度等级通常作为衡量照明质量的标准。因此，一般情况下，越是高档的商场、高档的商品，灯光就越柔和。显示的照度表如表 2-1 所示。

表 2-1　照度表

材料	照度单位（Lux）
普通面料	150 ~ 300
金属饰品	750 ~ 1500
水晶、陶瓷质地	200 ~ 500
皮革面料	100 ~ 260
反光面料	100 ~ 260

（六）符合品牌定位的设计原则

不同的品牌对店面灯光的要求不同，为了增加客流量，加快消费者的购物速度，流行的中低端品牌往往会在店内设置较高的灯光。对于高端品牌，为了营造店内的个性或神秘感，基础照明的亮度通常比较低，而采用重点照明来强调产品的高贵感。因此，在规划店铺照明时，一定要针对不同的品牌进行设计。

---

①　照度是指被物体照射到的光通量的多少，是衡量照度高低的指标。照度与光源的光强成正比，与被照物体距光源的距离成反比。
②　亮度是指光源在视线内单位面积的光强度。被照物体表面的亮度不仅与照度的高低有关，还与物体的光反射系数有关。

第四节　材质的运用

一、会展材料分析

随着经济生活的发展,市场竞争越来越激烈,各行各业都在不断推陈出新,为了加大宣传力度,促进市场繁荣,占领市场份额,展览业蓬勃发展。以上海为例,平均每天几乎都有一个展览开幕,展览紧随其后。为提高展馆使用效率、增加收益,展会现场业主对展期进行了充分安排。因此,参展商必须利用时间(通常是通宵)搭建和撤展。因此,在展览设计中,在选择材料时,除了要注意材料的美观、便宜和质量好外,还应考虑展览所用的材料必须适合快速组装和拆卸。

展台搭建所采用的新型材料也反映了展会市场的发展趋势,科学选用材料,有效发挥其优势,是提高展会效果和效益、节省参展商资金的重要途径。

虽然展台是用新材料建造的,但在展览现场往往使用预制构件进行组装。一般展位标准为 3 米 × 3 米或 3 米 × 4 米,展览公司只提供三面墙、一个 LOGO 和公司名称名片、四个射灯、一张办公桌、两个座椅或地毯等。展板、展台等在设计、制作时,多为易拆装的部件,到展会现场进行组装和供电。在拼装件的设计和制造中,要注意各部分的稳定性和重量,双层舱室的下部必须采用坚固的材料,以保证舱室的安全。

二、会展中新材料的选择与应用

(一)墙面材料的选择与应用

参展商为了表达参展的主题,对会展、展览的设计形式、风格、功能等要求各不相同。有的展览厅要求设计得通透些,甚至是"四通八达",希望尽可能地让参观者多进入展厅,与展品接触,从而了解自己的产品。

有的参展商则从商业机密考虑比较多,把洽谈室设计得封闭一些。因此墙面材料主要有透光又透明、透光不透明、不透光又不透明等多种材质可供选择。透光又透明的材料主要有各种彩色的玻璃、有机玻璃。透光不透明的材料主要有磨砂玻璃及雾面有机玻璃等。不透光又不透明的材料主要有各种软质 PVC 板、有机合成板等。

(二)地面材料的选择与应用

地面材料对展会的颜色有很大影响。除了墙面的颜色,背景的颜色对展品的色彩也有比较大的影响。

常用的磨砂材料有复合板、地毯和装饰布。其中,选择地毯的可能性最高,而选择装饰织物的可能性最小。地毯因其在之上行走的舒适性、舒适的结构以及多种颜色和质地可供选择而受到参展商的广泛青睐。同时,铺设和拆卸地毯的方便也是它最大的优势。如果展厅面积较小,展品为高档饰品或艺术品,地毯也可以选择高档、奢华的质地,彰显企业实力和形象。

(三)贴面材料的选择与应用

为了营造特定的展览氛围,贴纸材料以其良好的审美效果和低成本而受到设计师的重视和广泛使用。展览不同于实体的建筑设计,虽然是"即时艺术",但好的创意和设计也会在观众心中留下持久的印象。一般来说,展示架的搭建往往需要移动和方便拆卸,因此在展架设计和搭建完成后,无需使用昂贵的建筑材料,使用人造饰面也可以达到完美的效果。

贴面材料包括纸张,如硅表面结构图案的墙纸、各种色彩丰富的装饰织物等,不同的材料也能产生不同的艺术效果。

(四)装饰布的选择与应用

装饰面料在展览中的应用非常广泛,色彩缤纷、图案多样的装饰面料可以营造出展厅的热闹气氛。而且,装饰布还具有运输体积小、容易起到装饰效果、价格低廉、质量好等优点,因此受到展览行业陈列设计师的青睐和赞赏。

（五）灯箱饰面材料的选择与应用

灯箱架在展会中扮演着重要的角色。在与展台相结合的巨大展厅中，使用灯箱装饰材料可以起到很好的效果。灯箱的摆放位置应面向公共出入口和人流量大的方向，选择最佳位置。

面板的面材一般有面板布和有机玻璃。轻质布料柔软有延展性，特别适合大型灯箱制作，可采用灯箱布料，可喷上各种需要的彩色图形和文字，拆装方便。

随着科学技术的发展，各种新型建材、装饰材料的不断涌现，展览设计人员必须走在时代发展的前面，不断发现和提炼新的装饰材料，适时选用高科技新材料产品、新配件，可以美化和丰富展示。

（六）悬挂装饰材料的选择与应用

展会上为了吸引公众的眼球，展台上方常悬挂参展商的标识、标语或相关艺术造型，以达到宣传和传播企业信息的效果。高空吊饰不仅是展台和展厅的实质性多元化，也是展会的"点睛之笔"。

由于挂饰高高悬挂在展台和展厅上方，形象醒目，因此常在挂饰上放置聚光灯。高处悬挂的物品应制作精良、光洁、无皱纹。因此，材料的选择应轻而硬。

三、会展材料的特点及规格分析

（一）玻璃

玻璃样式有很多，如透明、镜面、磨砂等，常用于展示首饰、化妆品，有时也用于表现橱窗展示的背景等。

（二）仿生植物

仿生植物物美价廉。随着生产技术的提高，其真实性和工艺性越来越受到人们的赞赏。它们平时不需要维护。还可以根据设计师的特殊要求搭建不同的造型,营造光影绿色环境和温馨氛围。

(三)其他材料的特点及规格分析

会展设计中,其他材料如 KT 板、防火板、雪弗板、铝塑板、铝合金、明镜片、不锈钢和有机玻璃,它们的特点及规格可见表 2-2。

表 2-2　会展设计材料的特点及规格

材料名称	特点	规格
KT 板	材料正反面为不同颜色的塑料薄膜,中间为塑料板,质地坚硬,质轻,易切割,主要用作展示板	规格为90 厘米 × 240 厘米
防火板	粘在木板表面的装饰材料,其特点是表面纹理自然多样,色彩范围广。工艺操作简单,将防火板裁剪成型,涂上胶水,待胶水表面半干后,贴在木板上并压紧,装饰效果极佳	规格为244 厘米 × 122 厘米
雪弗板	一种新型材料,材料比较疏松,但有一定的硬度,主要用来做立体字和标题,用雕刻机或线锯切割	规格为244 厘米 × 122 厘米,厚度为 0.2 ~ 2 厘米不等。
铝塑板	材质表面为铝皮,中间为 PS 塑胶板,有单面和双面两种。施工时,在塑铝板背面和地板上均匀涂抹强力胶,待胶稍干后,向下压,直至两部分牢固结合。锯子、凿子、美工刀、强力胶或装饰螺丝都可以一起使用	无固定规格
铝合金	该材料主要用于装饰支架,材料薄、硬、有光泽,主要用于制作灯箱、展示支架的边框,用电锯切割	无固定规格
明镜片	它是一种有光泽的镜面装饰板,通常用于用不同的颜色来表达标题、图案等。生产过程与有机玻璃相同	规格为180 厘米 × 120 厘米
不锈钢	有镜面不锈钢和拉丝不锈钢两种,主要用于制作窗框和灯箱,或作为道具和装饰品,呈现出光彩华贵的艺术效果	无固定规格

续表

材料名称	特点	规格
有机玻璃	有透明和不透明两种,颜色不同,用于制作商标、标题、相框和金库等(胶水为三氯甲烷)。有机玻璃灯箱的装修一般适用于小灯箱,它的优点是透光、光滑,由于材料的限制,有机玻璃不适合装修大面积的灯箱	规格为125厘米×185厘米、100厘米×150厘米、150厘米×226厘米等,厚度通常为0.2~0.5厘米不等

　　主要用于制作道具和空间隔断的一些轻质硬质塑料板、铝塑板、PVC板、万通板、KT板等,广泛应用于展览展示。其他常用的建材如纤维板、木胶合板、石膏及特种纤维板、特种铝合金等也深受设计师的青睐。

　　同时,用于各种建筑的强力建筑胶、墙纸胶、地板胶等也广泛用于展览。强力建筑胶用于黏合重质材料,如琉璃砖、大理石、石膏板等。壁纸胶用于黏合各种壁纸、木材、皮革、塑料等材料。

　　此外,氯仿用于连接有机玻璃,光敏胶用于连接光学玻璃和透明材料。压敏胶可以将不同材料的字体和图表黏合在不同的材料上,具有很强的附着力。AA强力胶黏合速度最快,黏合强度最强,广泛应用于展览。

第三章
建筑空间中的展示设计

　　建筑空间中的展示设计是指在建筑空间中设计展示区域，用于展示物品、信息或展示某种观念或理念。其设计目的是吸引人们的注意力，并通过视觉和触觉的感受，使人们能够更加直观地了解展示的物品或信息。展示设计的成功与否，很大程度上取决于设计师的创意和技巧。本章将对建筑空间中的展示设计展开论述。

第一节　展示设计概述

一、展示设计的概念

展示设计是展示的延伸。展示活动是公众参与活动,公众在接收信息时进行反馈,是信息交流和传播的主体。

展示设计的基本概念可以定义为:通过营造展示空间环境,运用特定的视觉传达手段,运用道具、装置和灯光技术,在展示前向公众展示一定量的信息和宣传内容,以受众心目中的心理思想和行为造成有意识的或潜在的影响,创意设计就是为此目的而设计的。

展示设计涉及的领域非常广泛,包括美学、材料科学、人体工程学、视觉心理学、建筑工程、社会学、历史学、管理学以及许多自然科学和社会科学,是一项综合性的设计工作。一般包括展示空间设计、版式设计、文字设计、标志及装潢设计、道具设计、色彩设计、灯光设计、标识设计等。展示设计的主要功能是吸引、传递与交流、教育、引导,展示是它的基本功能。

二、展示设计的本质及特征

展示设计的本质及特征主要体现在以下几个方面。

(1)展示设计的基础是为展品创造最佳的"展示"环境:每一个展示都是以展品为基础的,无论是立体展品、平面展品,还是影视展品,没有展示就没有展示内容。

(2)展示设计的本质是以各种信息载体为手段来传达信息。

(3)展示设计是时空艺术的表现形式之一,是多维的空间艺术工程,不是简单的二维、三维空间。

(4)展示设计是不同空间的顺序组合。观众以"动、静、动"的游览方式穿梭于展示空间,获得强烈的临场感和现实的心理效应。

（5）展示设计是多学科知识手段的应用，是一项综合性的实践性艺术工程。展示运用环境艺术、视觉传达艺术、美术与装置等艺术专长，运用灯光、影像、音响、绿化等专业技术进行展示运作。

（6）展示设计充分体现参与性。没有观众，展示就毫无意义。现代展示强调现场的参与和观众的情感体验。

（7）展示的设计非常注重营造真实感，注重灯光对观众视觉和心理的显著影响。

（8）展示设计要充分体现时代精神，尽可能运用现代科技手段。影视、激光、液晶显示、新光源和各种新材料是艺术、科学和技术的最佳结合。

（9）展示设计与其他设计一样，要充分体现对观众的关心和爱护，充分利用人体工程学知识以获得最佳显示效果。

（10）展示设计是集体智慧和劳动的结晶，是必须依靠集体力量才能完成的展示活动。

第二节　展示设计的形式法则

　　形式法则是人们在艺术探索中不断总结的形式美规律。不同的民族、文化、习俗和人生价值观，会产生不同的审美观念。这种对美的共同认识来源于客观存在，是在长期的生产生活实践中不断积累和总结的。我们称之为形式美法则。形式美原则已成为现代设计的理论基础。将形式美的原则运用到陈列设计中，可以更清晰地表达设计意图和创意。形式美的原则主要有以下几点。

一、重复与渐变

　　重复是指两个或两个以上相同或相似的形象按照一定的规律反复出现，表现手法比较简单，但具有连续性、规律性和韵律美的效果。它的优点是可以塑造连贯的形象，缺点是容易造成视觉和心理上的厌烦。但它确实有一种形式美,在重复中也有局部变化,这种重复的设计方式常被用在展示设计中,试图给观者一种秩序感。

渐变是指相同或相似的形式要素不断增加或减少的规律性变化,这种变化是受一定规律支配的。例如,对立元素之间以渐变的形式过渡。这种有规律的顺序变化将使视觉过渡更加柔和。这种显示方式常用于显示图形。突兀的梯度变化也是陈列设计特有的一种表现形式(图 3-1)。

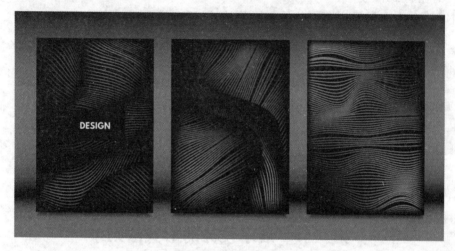

图 3-1   展示背景设计中的重复与渐变

二、对称与均衡

对称是指在展示设计中,以轴线为中心线,两边的形状在等体积、等形状、等距离的条件下相互对称。对称是最直观、最纯粹的展示空间布置形式。在自然界中,许多动植物的形状都是对称的,对称的形状可以表现出一种庄重、沉稳的美感,但有时也会给人一种呆板的感觉。如果我们为对称添加形状变化,我们会得到生动的效果。

均衡是指上下或等量但不等形的构图形式,分为对称均衡和不对称均衡两种形式。均衡和对称是两个相关的方面。对称可以唤起均衡感,让人们充满活力。同时,均衡包含在对称中。均衡的目标是捕捉中线并保持视觉均衡。均衡的程度不同,给人不同的视觉感受。图 3-2 所示的展示设计就体现了对称与均衡。

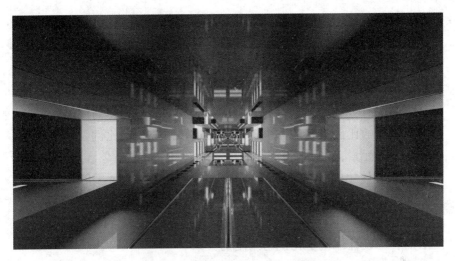

图 3-2　展示设计中的对称与均衡

三、节奏与韵律

节奏是指物体在运动过程中连续有序的变化,能引起高度或力的变化。构成节奏有两个重要条件:一是运动的过程,二是节奏强弱的变化。

运动中的优先级可以营造节奏感,运动中的强弱变化有规律地结合在一起,形成节奏。在展示设计中,节奏和韵律常被用来表示物体的变化(图 3-3),通常表现为形状、颜色和材料的变化。

图 3-3　展示设计中的节奏与韵律

四、比例与尺度

　　比例是指造型元素不同部分之间的尺度比例关系,可以是长度、面积、体积等的比例。比例可以是部分与部分、部分与整体的比例,也可以是内部之间的比例关系的一个整体。通过整体按一定比例设计面积、体积和色彩等元素,可以达到更好的视觉效果。尺度是对象各部分在合并过程中的最佳比例。经过不断的探索,古代学者制定了最能激发艺术、工艺和设计审美意识的最佳比例公式。这就是所谓的黄金比例,也称黄金分割率。黄金比例是 1 : 0.618,这被认为是一个优美的比例值。图3-4所示的展示设计体现了比例与尺度的关系。

图 3-4　展示设计中的比例与尺度

五、统一与变化

　　统一是指事物有某种共性,变化是指事物存在差异和变化。展示设计应力求变化中的统一、统一中的变化。例如,信箱展示设计,造型基本统一,但色彩变化丰富,可力求丰富特色,创造多种主要展示方式。变化反映了客观事物本身的特征,没有变化就没有视觉效果。在陈列设计中可运用丰富的材料、色彩、表现手法和艺术意象,丰富陈列设计。统一将不同的元素弱化或调和,在不同的形态元素之间寻找共同的元素,例

如在陈列设计中使用统一的色调、形式或材料,以达到统一的设计效果
(图3-5)。

图3-5　展示设计中的统一与变化

六、对比与调和

　　对比就是将两个不同的物体放在一起形成强烈而鲜明的对比,这种
对比有一些共同的特点。对比通过比较不同的元素来达到视觉效果。
对比具有清晰和刺激的特性。对比可以是数量、方向、形状、温度、材质、
色调、动静、虚实等。但过分强调对比会引起刺激反应,所以在对比中要
适当运用对比法。

　　调和就是寻找不同事物之间的相似之处,进而达到和谐。调和就是
在不同形态元素的变化中寻找秩序感,在相同或相似的元素之间寻找共
同点。如果在设计中过于强调和谐,就会给人一种单调的印象。和谐有
一种安静和谐的美感。因此,在设计中处理和谐与对比时,应将二者协
调起来,以达到最美的效果(图3-6)。

图 3-6　展示设计中的对比与调和

第三节　展示设计与人机工程学

一、人体的静态与动态尺寸计测

人体尺度测量旨在为人体生理和心理的定量研究提供方法和依据。通过相关部门的测算,得出了中国公民的一些数值。例如,我国河北、山东、辽宁地区成年男性平均身高为 169 厘米,长三角地区成年男性平均身高为 167 厘米,四川等地成年男性平均身高是 163 厘米。这些数值和数据是确定各地区开展展示活动空间尺度的依据。在展示设计中,人体尺寸通常包括静态尺寸和动态尺寸。

(一)静态尺寸

静态尺寸又称结构尺寸,是人体处于相对静止状态时所测得的尺寸,如头部、躯干、四肢的标准位置。静态尺寸测量可进行站、坐、跪、卧四种体位测量,这些体位都具有人体秤的基本特征。一般来说,展示设计主要关注人体在站姿和坐姿的静态尺寸,而很少考虑跪姿和卧姿的静态尺寸。

（二）动态尺寸

　　动态尺寸，又称功能尺寸，是主体在进行各种活动或进行各种体力活动时各部分尺寸的数值，以及活动范围所占空间的大小。动态量主要包括原位运动测试得到的值和进展状态中的值。

　　在设计展示时，要特别注意人直立、蹲伏、弯腰时四肢的垂直动态值以及左右伸展时上肢的横向动态值。

二、展示设计中的基本尺度

　　陈列中的基本尺度主要包括两个方面：一是展品的陈列尺度，在陈列密度和竖向陈列尺度上有明确的体现；二是有关通道的尺度，具体表现为一般性通道和用于残疾人通行的特殊通道。

（一）陈列密度

　　陈列密度是指展品、道具在周围环境中或多或少的分布程度。其具体代表值用展品、道具所占展台或展厅面积的百分比来表示。一般来说，大型展示的合适展示密度为30% ~ 50%，超过60%的小型展示就不合适了。适当的展示密度是参展商和参观者利益之间的平衡。陈列密度过大，容易造成参观者拥挤，造成烦躁和视觉疲劳；陈列密度太小，陈列空间空旷、单调，空间利用率太低，影响展会主办方和参展商的经济。

　　展示的密度还与空间的跨度和物体光线中的高度有直接关系，并受展示的形式、观看距离、展示的高度、尺寸等因素的影响。一般来说，当陈列空间宽敞时，陈列密度可以大一些；当陈列空间较小时，应降低陈列密度。当展示形式为实物模型时，应降低展示密度；当陈列形式为表格或图片时，可以增加陈列密度。当客流量大时，应降低陈列密度；当客流量较小时，可增加陈列密度。

（二）垂直陈列尺度

垂直陈列尺度又称陈列高度，不能过高或过低，否则会影响显示效果，使观众感到疲劳。

人体工程学研究表明，人体最佳观看区域是水平视线上方20厘米至下方40厘米之间的60厘米高的水平区域。按我国成年男性平均身高167厘米计算，表观身高154.7厘米；成年女性平均身高156厘米，表观身高144.3厘米。这两个的平均表观高度在150厘米左右，接近这个尺寸的波动值是110～170厘米。这个价值区域可以被认为是黄金区域，在这个区域更容易获得良好的视觉效果，用于展示设计和展示高度。在展示设计中，一般将地面以上60～190厘米左右的水平区域称为有效展区。这是观众可以主动观察的范围。60厘米以下和190厘米以上的区域是观看者难以看到和触摸的区域。

60厘米以下的陈列区域常被用作储物空间，而190厘米以上的区域则有很多应用，如引导系统的标牌、广告的布置、公司形象的宣传等。但其高度一般不应超过250厘米。近几年的大规格展台，这个限制已经被超过了。因为190厘米以上的区域很难引起公众的注意，但从远处就能引起公众的注意。这样人们在参观时就不会抬头或弯腰蹲下。人的颈椎和腰椎在正常活动范围内，不会感到紧张和疲劳。

在实际应用中，会根据展品的大小和展示的目的，呈现出各种不同的曝光高度。展品的宽度和大小也会影响人的水平视角。人的正常水平视角为45度。如果展品的高度超过水平视角，在密集的展厅内，展品的前后、左右、上下会相互干扰。脖子左右摇摆、腰部来回扭动或频繁来回移动，难免会增加观众的疲劳感。

展示设计和陈列小展品的带平面台面的柜顶距地面约100厘米，总高度不超过150厘米。高度较高的展品，展柜应较低；高度较低的展品，展柜应较高。这个设置充分考虑了观众的最佳视觉位置。垂直高度的一些其他尺寸：大厅镜线高度通常为350～400厘米，国际惯例为380厘米；矮展位的高度有10厘米、20厘米、25厘米、40厘米等，高展位的高度一般为60～90厘米，根据展品的大小而有所不同。

（三）通道尺寸

一般展示空间的通道宽度按人流数计算（每人流60厘米）：最窄处可通过3～5人流，最宽处可通过8～10人流。参观展品，周围至少要有2米的过道，如果低于这些标准，可能会造成交通堵塞或展品损坏。

此外，残疾人通道宽度分为两种：一种是单向通道宽度至少为130厘米，另一种是双向通道宽度至少为200厘米。残疾人通道高度与水平的最小允许值为1：6，即高度20厘米，水平长度120厘米。坡度应每900厘米设置一个休息平台，平台宽度为不少于250厘米。

尺度是我们衡量空间的重要组成部分，由于人的主观能动性，人与各种物体的距离时刻在变化，会引起人相应的心理变化和相应的感受，如舒适、拥挤、宽敞等。展示设计灵活运用距离关系尺度，可以有效拉近人与展品的距离，营造一种相对亲密的关系，刻意疏远人、人与展品、展品之间的距离，给人一种远而空的感觉，有时还能有效疏散人群，避免过于集中造成的拥挤。

展品的规模不同，唤起的感受也不同。尺度是指室内空间形态的重要因素，主要有建筑界面、建筑空间、装饰品和展品本身。不同的室内空间有不同的形式，所以同一体量的展品在不同的空间会有不同的尺度感，布置展品时要仔细考虑室内空间形式与展品的尺度关系。

三、展示设计中的视觉要素

展示活动是视觉艺术活动的一种。视觉是人类最重要的感觉和知觉系统。通过视觉，我们可以观察到外界的形状、大小、颜色、光影、纹理、运动等信息。展示设计的吸引、传达和交流功能的产生取决于人的视觉因素。设计的成败取决到展示设计中对人的视觉特性的理解和研究。

（一）人的视觉特征

1. 视野

视野是指人在头部和眼球处于稳定状态时所能看到的空间范围。

一般视野是指人眼的视角约为 1.5 度（水平或垂直方向）。它的分辨率是最强的,可以看到人眼的最佳视野范围是有限的。不同波长的光不同程度地刺激人的视网膜,产生色觉。人眼识别不同颜色的能力称为色觉。白色的视野最大,其次是黄色、蓝色和绿色。色觉与被观察物体的颜色与其背景颜色之间的对比度有关。

2. 视角

视角是指被观看物体两端的光线进入眼睛的交角,与观看距离和被观看物体两点之间的距离有关。视角是显示设计中各种视觉图像的尺寸和尺度定义标准的重要依据之一。

3. 视力

视力又称视敏度,是指眼睛分辨物体细微结构的最大能力。视力随视觉形象的照度值标准、被视物背景亮度与视觉形象之间对比度的增加而提高。

4. 视距

视距是观察者的眼睛与被观察物体的距离。标准的观看距离由垂直和水平视角决定,通常为展品高度的 1.5 至 2 倍。此外,观看距离与厅内照度值成正比,亮度高则观看距离可增加,反之亦然。

5. 明度适应

人眼对光照水平的适应称为亮度适应（或光适应）。眼睛看到物体由亮变暗的过程称为暗适应,反之称为亮适应。在展示的灯光设计中,灯光要均匀分布,避免闪烁不定,光线跳跃过大会增加眼睛疲劳和使观众判断失误。

6. 眩光

物体表面产生的反射光称为眩光。由外界光源引起的眩光称为直接眩光,由其他物体的光折射引起的眩光称为间接眩光。眩光会损害视力并导致观看不适。展示的照明设计和展示的压力避免了眩光的出现。

7. 错视

视错觉是视觉错觉,属于生理错觉,尤其是几何错觉,以变化多端著称。视错觉是指观察者在客观因素的影响下或在自身心理因素的支配下,对图形产生的与客观事实不符的错误感觉。在日常生活中,有很多视错觉的例子,如红白蓝三种颜色的比例是 30∶33∶37 时,但是我们感觉这三种颜色的面积是一样的。这是因为白色给人膨胀的感觉,而蓝色给人收缩的感觉。例如,两条相等的直线在不同方向的箭头作用下长度不同;中心的两个大小相等的圆圈在周围圆圈的作用下大小也不同。

视错觉是现代展示空间设计中极为重要的创造性空间表达方式,这种独特的艺术形式运用得当,可以产生强烈的视觉冲击,激发人们对艺术设计的兴趣,创造出独特的艺术效果。由于表达方式的复杂多样,也赋予了实现多种空间形式的可能性。运用视错觉语言,设计者不仅要理解视错觉在不同条件下的表现形式,还要能够通过正确的引导和调整,将其合理运用到创意空间设计中,准确表达设计理念和传递信息,同时也极大地延伸和提高了设计师的设计思维。视觉错觉表现为:

(1)矮中见高。即使在客厅,如果房间的一部分用作吊灯,另一部分不用作,那么没有吊灯的部分会显得"高大上"。

(2)虚中见实。一个虚拟空间可以用条带或整个镜子来创建,但这个虚拟空间在视觉上是真实的空间。

(3)冷调降温,暖调升温。比如,当我们在厨房大面积使用深色时,我们待在里面就会感觉到温度下降。如果在一个大面积使用暖色的房间里,会感到温暖。商场空间内的部分海报以冬季橙色、红色等暖色系和夏季白色、蓝色等冷色系陈列,使人在空间中感到舒适。

(4)精中见细。将复古砖、鹅卵石等粗糙材质放在实木地板或炻砖等相对光滑的材质旁边,光滑的材质会显得更光滑,这是对比造成的视觉错觉。

(5)曲中见直。一些建筑物的天花板往往不平整,在曲率不太大的情况下,可以在靠近四个边的地方加工成直角,营造出整体平整的感觉。

（二）人的视觉运动规律与视区分布

1. 人的视觉运动规律

（1）人眼习惯于从左到右、从上到下移动。因此，展示内容的顺序也应适应人类视觉运动的特点。楼层布局的顺序通常是顺时针排列的。

（2）人眼的视线在水平方向的移动速度比垂直方向的移动速度快。

（3）上下眼球运动比左右眼球运动更容易疲劳。

（4）双眼运动方向和速度同步协调。

（5）人眼对物体的直线轮廓比对曲线轮廓更开放。

2. 视区分布

（1）水平方向视区

①最佳观看区域在中心视角 10 度以内，人眼的识别能力最强。

②人眼是中心视角 20 度内的过渡视觉区，可以在很短的时间内识别出物体的图像。

③人眼是中心视角 30 度以内的有效视觉区域，识别物体需要集中注意力。

④人眼在中心 120 度视角的视觉区域最大，需要相当大的注意力才能识别这个视觉区域边缘的物体。如果人转头，最大可视区域可以扩展到大约 220 度。

（2）垂直方向视区

人眼的最佳观看区域大约在眼睛水平线以下 10 度，眼睛水平线以上 10 度至眼睛水平线以下 30 度为良好观看区域，最大观看区域为眼睛水平线以上 60 度至眼睛水平线以下 70 度视角，最佳视角类似于横向。

展示中的视觉关系除了展品的距离和高度，以水平方向还是垂直方向作为观看流线外，还包括展品的密度、方向、位置，灯光设置的亮度等。展品水平陈列比垂直陈列更适合观众的视觉运动。横向的流线也容易诱发观看的人流运动，避免阻碍人流。过于集中的展示容易造成眼睛疲劳和精神紧张，过于松散的集中又会使展示空间显得空旷、乏味。展示的密度与展厅空间的大小、展品的大小、观看距离和参观人数有直接关系，应视具体情况而定。

通过对视觉的科学分析，我们得到了以下视觉运动规律。例如，显示屏的高度和显示屏在墙面和面板上的面积是由人体的尺度决定的，通常从离地 80 厘米开始，达到 320 厘米左右的高度；因人的视觉限制，展品高度不得超过 350 厘米；通常使用的曝光高度是 80～250 厘米之间的区域。墙面和白板上的最佳展示区域是标准视线上方 20 厘米到标准视线下方 40 厘米之间的 60 厘米宽的水平区域。如果我国人体的标准身高是 167 厘米，最佳陈列高度应为 127～187 厘米，在重点展会上，展品在此区域容易获得较好的效果。

在显示和展示中，还要根据人的视觉的局限，注意视角和观看距离的问题。一般情况下，观看者可以看到展品全貌的正常垂直视角一般为 26 度，观看者可以清楚地看到展品全貌的正常水平视角为 45 度。查看墙壁和面板上的图形展品，主视线应与墙壁、白板或屏幕垂直，以获得最佳曝光效果。观看距离由垂直和水平视角决定。如果垂直和水平视角合适，则观看距离也合理。由此可见，观看角度和观看距离是相互依存的因果关系。观看距离应在展品高度的 1.5 到 2 倍之间。展品的比例与观看距离的比例成正比。

另外，一般来说，人的视觉通常总是按照一定的顺序流动的，如从左到右、从上到下、从前到后、从中心到周围等。根据视觉过程和最方便的视野尺度，可以选择展示中最好的部分陈列展品。

第四节　展示空间设计的程序与表达

一、设计准备阶段

（一）设计的前期工作

举办一个会展，要做大量的前期工作。前期工作主要有成立筹备组、筹备人员分工、制定工作方案、制定工作日程、制定费用预算、确定合作者、商量分工、落实方案、签订协议、召开筹备人员会议等内容。

编写文字脚本资料是会展设计的开始，根据会展活动的目的和要求,写出总体文字脚本及具体详细项目文字脚本,依据文字脚本形成设计任务书,交付设计方具体完成。

（二）设计的准备工作

很少有设计师在接到任务后立即设计并制作图纸。设计师首先考虑的是项目前的准备工作。所谓设计准备阶段,是指与设计相关但尚未开始设计过程的工作阶段。

这一阶段的工作主要包括接受设计订单、签订合同、审查设计订单和明确工程对象的内容、条件、标准等几个重要问题。此外,还需要明确设计期限、设计任务和要求、设计规范和定额标准等。

（三）拟定设计任务书

在一些特殊的情况下,设计的任务书并不是由委托方来给出的,而是由被委托方来设计的。这就需要委托方向被委托方说明他的设计意向、可能投入的经济条件、可能投入的金额等条件。而被委托方则依据委托方的要求,与委托方一起设计出符合双方需要、切实可行的设计任务书。

1.关于设计计划书

设计概要的作用是在项目开始时定义设计方向。这个方向自然包括空间设计中的功能美学和精神美学两个方面。项目任务文件在表达上有不同类型,如意向协议、招标文件、正式合同等。不管表面的形式多么多变,其本质是一样的。

设计大纲是约束委托人（甲方）和设计人（乙方）的具有法律约束力的文件。只有共同遵守设计假设条件,才能保证项目的顺利实施。

在起草项目简介时,应结合经济机会加以考虑。因为要求是无限的,而投资机会往往是极其有限的。

项目书很少使用图纸,多使用展示脚本文件,主要以文字说明为主。

在项目准备阶段,设计师可以通过研究项目工作手册,详细了解项目顺利进行展示所需的成本和时间限制,充分了解参展商的具体要求和意愿。

2.设计任务书的种类

在这个阶段,委托人(甲方)应该是制定设计任务的主要参与者。设计者(乙方)应本着对工程负责的精神,提出建设性建议供甲方参考。一般来说,项目工作簿的制定表现为以下四种形式。

(1)根据委托方(甲方)要求开发

这种形式基于委托人成熟的设计理念,希望设计师忠实地反映委托人自己的想法。只有加强与委托方的沟通,通过思想的交流充分了解委托方的意图,才能在满足委托方要求的基础上,制定出优秀的项目纲要。

(2)根据不同标准要求开发

这是根据委托人的经济实力、建筑物本身的条件和地理位置而定的。可按高、中、低档要求配制,也可按星级酒店标准要求配制。

(3)根据项目投资的有限要求开发

这是在假设客户的投资金额已经确定且工程总成本不得超过一个限额的情况下制定的,要求在预算范围内完成工程,以达到要求的工程效果。

(4)根据空间利用要求开发

这种形式一般针对专业性强的空间,所以设计师有很多话要说。在制定设计纲要时,客户通常会提供有关材料和工艺的具体意见。

3.设计任务书的内容

目前的设计指南通常以合同文本的附录形式出现,一般应包含以下主要内容。

(1)展示项目时间、地点。

(2)将展品放置在展厅内。

(3)展示设计主题。

(4)展示设计展品的设计范围和内容。

(5)各功能空间平面划分。

(6)展示项目对材料、展品的要求。

(7)艺术风格的发展方向。

(8)设计进度及图纸类型。

项目工作手册中的内容是整个项目的根本基础,设计人员应认真研读工作手册,确定哪些内容值得深入细致的研究和分析,哪些只需要大概了解即可。

二、技术资料的收集与分析阶段

为保证展示布展和设计方案的顺利执行,在进行艺术和技术设计之前,必须掌握项目所需的技术信息和数据。

(一)会展展场的相关资料

需要掌握展会现场的整体建筑图以及参展商展位的面积和位置,还需要进行现场盘点,核对建筑图和现场资料,了解设备设施的出入口、流道及照明设备、房间分布、库房、消防装置等。

(1)索取展馆资料及图纸(章程、图纸、申请表、合同等)。

(2)现场观摩、场地选择、场地租赁、展会场地占用面积测量核实。

(3)熟悉展馆的基本设备:地板、荷载、照明、电、水、气、空调、消防、音响设备、仓库、办公室、会议室、桌椅、垃圾箱等。

(4)特别注意事项:通道宽度、紧急出口、禁止明火、禁止吸烟、限高等。

(5)租赁:展柜、展示架、模特、人体模特、衣架、灯具、鲜花等。

(二)会展的相关资料

需要了解和掌握展示内容,展示内容决定展示设计,展示设计是对展示内容进行策划的一种表现形式。展示设计的关键在于其表现形式的突破。陈列设计的精神内涵是关爱顾客的心灵,对陈列内容的深刻理解,而不仅仅是视觉效果。设计师要运用心理学知识、巧妙和丰富的表现手段,实现形式与内容的融合。要对展会的性质、规模以及参展商和展品的情况,包括展品特点、尺寸、技术数据和陈列要求等熟悉,特别是对规格、价格、工艺等熟悉。

收集正确的展会信息并与客户沟通是非常重要的。通过与客户的沟通,我们可以深入了解产品特性和客户需求,预测目标观众群,预先确定展会的总体思路,根据总体思路进行内容、策划和收集,且体现这些思路对于设计一个适合客户的专业展台是极其重要的。

（三）其他内容

了解其他展商的展示设计、展商行业特点、与会者的心理倾向，寻找差异化设计新颖、个性化的展台。

通过对收集到的信息和技术资料进行全面系统的分析，可以为后续的设计工作提供详尽可靠的依据。

三、方案初步设计与详细设计阶段

方案设计阶段是设计师运用创造性思维将设计意图转化为视觉表达的过程，是对展示活动主题和内容进行视觉表达的过程。图表设计的表现形式包括总布置图、展位立面设计图、展位空间色彩渲染图、动画或 3D 演示模型等。

（一）整体构思

1. 整体构思的步骤

程序设计的总体思路包括以下四个步骤。

（1）第一步，在对收集到的技术资料和资料进行全面系统分析的基础上，首先明确方案设计的指导原则，确定总体设计要求、风格、基调等。

（2）第二步，进行功能区划分，这是方案设计的第二步，由于各个功能区的功能不同，为了避免琐碎的杂乱，需要统一整体风格，以保证展示的整体效果，确保展示完整，不在每个区域单独存在。这里特别要注意客流与功能区的合理结合。

（3）第三步，即在明确方案设计基调的基础上进行第三步，结合平面功能布局和流线型组织，提出展台主题、展示形式和空间造型，考虑主体结构框架、展架布置和初步的展示架材料设计。

（4）第四步，展示设计，展台是参展商的外观，关系到参展商的形象。展示设计是一个非常有效的措施，一个好的展台一定能为展示设计锦上添花。

2.整体构思的表现

整体概念过程最常以草图的形式表达。此外,在整体概念设计时,还应考虑博物馆照明、展品安全、观赏效果、参观者休息、施工工艺等因素。

（二）方案比较

制订计划时,要有更多的方案,不能只满足于一个计划。由于解决问题的方法不止一种,不同的方案会有不同的独特性。许多计划有助于发展想法和开发潜力。在比较和考虑了很多方案之后,有助于形成令参展商和设计方均满意的新颖独特的好方案。

比较方案时还要考虑平面的功能、人流、空间组织、空间形态、材料的使用、灯光、展台道具等,比较修改,权衡利弊,确定一个更好的方案或几个方案概念的优点结合成一个新的方案。

（三）方案深化

在方案比对的基础上制定新方案后,对方案进行深化和细化。

在深化方案阶段,需要回到原点,从功能划分、空间组织、氛围风格、道具造型、选材、灯光、布局设计等整体概念入手。面对多余的部分,要甘于屈服,要注意功能与形式的协调统一。

方案设计完成后,仍需与委托方协商讨论,对方案中无法达成共识的地方进行修改调整,最终确定设计方案。设计方案确定后,进入详细设计阶段。

（四）方案详细设计

在详细设计阶段,必须对项目计划的各个方面进行详细规划,并在此基础上制定项目的各种技术图纸,包括平面图、剖面图、立面图、施工详图、电气设备图和总效果图、绘制道具等,这些技术设计模式是整体设计效果的必要保证。

四、工程实施阶段

施工阶段是整个设计过程的最后阶段。施工的开始并不意味着设计工作的结束,面对生产过程中出现的大量问题,项目内容必须根据现场情况进行修改和调整,这就不可避免地需要设计师去施工现场与施工部门协商,选择最佳方案。

(一)工程施工前的准备

项目实施前的准备工作主要包括三个方面。

首先,研究各种图纸。这些图纸应详细说明设计尺寸、设计位置、设计形状、设计使用的材料和设计各部分的结构,以便施工人员清楚地了解并据此进行施工。

其次,要结合项目各方面,协调好各单位之间的关系,力求做到各个环节无缝衔接、畅通无阻,各单位及时沟通,达成共识,为实现完美工程打下基础。

最后,设计师应向施工人员说明设计意图和所需的设计技术,在施工过程中及时与施工人员沟通,对工程中存在施工困难的部分进行修改调整,最终完成设计工作。

由于种种原因,相较于一般的装饰工程,展会的施工时间要短很多,要想在有限的时间内高质量地完成施工,制定详细的施工方案非常重要。搭建方案一般包括以下内容:展台搭建,布展、撤展的日期、时间,人员、监理、调试等。

(二)工程施工的方法

为提高施工效率,大多数展示项目采用现场快速制作和现场拼装两种施工方式。现场制作方式主要是干法作业(不使用或很少使用水、砂浆等液体材料),在展示现场使用一定的机械工具进行现场制作,然后使用特定的水泥材料形成具有特定参数的表面层。成品或半成品附着在展品表面。所用材料主要是木材、胶合板、型材等装饰材料。常用的方法有锯、刨、钉、胶、贴、贴墙纸和镶嵌等。现场拼装方式主要是将预制件和可拆卸展品在展区进行拼装。

（三）工程施工的步骤

工程实施阶段是讲究施工步骤的,会展展示工程施工主要有以下步骤。

1.进场准备

（1）展会现场考察。检查电气线路、层高、空间大小、地板平整度等。
（2）材料准备。制作物料清单并与配送中心协调。
（3）人员规划。明确施工人员,明确施工现场责任人。
（4）车间和现场布置。出示施工图并说明施工要求。

2.装修施工

（1）拆除工作。拆除已建成闲置的标准舱室,搬迁清理施工现场,做好清理工作。
（2）能源。电源、电器、电讯、照明线路放电,确定暗盒位置,设置安装开关和电缆盒插座。
（3）细木工工程。木制展品制作包括展板、展示架、展台、展柜等。
（4）铺路工程。铺设地板覆盖物。
（5）收尾工程。贴墙纸、面纸(帆布)、软装制作。
（6）绘画作品。墙内嵌批,顶面腻子、油漆。
（7）安装工程。电接插件、插座板组装、灯饰组装、展具组装。
（8）展品展示。物料及展品的布置、装饰及绿化。

3.竣工验收

（1）清理现场。
（2）按验收标准验收。
（3）按工程装修实际金额进行总额结算和发票。
（4）根据工程实践和规范要求,项目实施阶段应注意结构安全、消防安全和土建施工,避免环境污染。

五、展示空间设计的表达

（一）展示空间设计草图

草图是在有限的时间内以视觉形式表达一个稍纵即逝的想法，草图除了对设计项目进行图形分析外，还注重传达设计师的设计理念，即用直觉勾勒出设计理念和对象虚像，然后以图形、图表、形状、颜色等形式表达。

设计思路以此为基础，对陈列设计的草图进行快速的表达和描述。这就要求设计师能够快速捕捉他们的想法和理念。这些都是反映设计意图的各种表现性草图，以及向业主展示设计理念的草图。比电脑渲染速度更快，比工程图更直观方便，是直观图像的最佳选择。项目执行草图有很多优点，直观、快速、形象、易于接受，使我们的项目能够快速、直接地进入可视化的视觉空间。

在展示设计的初期，手绘草图被广泛使用，主要研究交通组织、空间布局、功能安排、实体的使用、材料的配置，与具体的施工还有一定的距离。因此，在这个过程中，最好的体现和表达想法的方式就是多画草图，进行深入的比较和讨论。这种多角度的设计草图比较随意，不需要太多设计去刻意追求造型、材质、色彩，只是一种设计交流的手段。这个设计草图的制作过程对于设计师来说是必不可少的，也是设计师应该掌握的基本表达技巧。陈列设计草图一般分为分析草图、投影草图、平面图、立面图和 3D 草图。

1. 分析草图

分析草图也称为图形分析草图。它是一种设计思维的表达，利用速写图形和图表来辅助思维。在实际的展示设计中，这种思维通常与设计理念和创意阶段相关联。图形分析草图可以自由勾画，可以是点和线，也可以是对设计项目的图形分析，图形和图表虽然有助于计划，但可以在纸上进行更改。

作为一种形式化的设计语言，图表是表达和传达视觉对象的主要设计表达方式。图形和图形的表达语言有时是非理性的，有时是随意的。陈列设计草图中的图形更多是理性的分析、思考、比较和陈列复制概念。在理性分析的基础上,我们应该尽情发挥我们的想象力,充满了另类选择,充满了设计所允许的狂妄。而那种抽象和模糊恰恰为我们自己的思考和想象提供了更多的空间,需要去挖掘更好的设计思路。

2. 预想草图

设计方案获批后,设计师的工作就是将最初的想法和方案落实到整体设计方案中,这个过程也是方案设计的深化过程。草图是反映项目形象的最佳表现形式,即它加深了对设计概念及其实施过程的分析结果。这个阶段要解决的主要问题是如何将已有的能够体现概念的屏蔽视觉实现到设计中,通过几张草图,找到符合预期概念的最佳视觉表达形式。

项目实施过程中草图需要解决的问题:(1)整个展示的总体布置;(2)空间的组织和变化以及各个部分的整体色调和色彩对比;(3)制定相应的布局设计及其主要照明形式;(4)确定与展示相关的装饰形式和其他元素;(5)展示总体规划分布、展示空间组织、主要视觉模型等。

在整个设计阶段,为了始终把握大方向,避免因计划控制不力造成的返工,对一些关键点和细节的阐述要以预稿和复检的形式表达出来。在色彩设计方面,可以通过简单的示意图效果图来表达不同区域或环境应用不同颜色的效果。

3. 平面、立面及三维草图

展示设计着重于按照规划要求,从宏观角度安排各展示元素的位置和面积。首先,要保证整个展示的功能区域划分清晰,观众参观过程顺畅,空间的变化能够按照展示的原则进行安排和组织。从现阶段的设计需求来看,主要任务是从空间环境的角度定义一个大的框架,对主要视点或重点展陈设计有一定的想法。因此,从设计表达的角度来看,需要用一定比例的平面图来表达各个展区的分布和功能部分的位置。在总平面图的基础上,适当分析应从以下几个方面进行评估:观众席、参观路线的方向、公共空间、展区与主要交流路线的关系、观点或主要展示对象的分析等。

这一步,设计者可以用各种总图和平面分析图来表达。在确定展示面积的假设下,还应计算相应的展示面积(主要是布展设计面积),为进一步深化设计提供坚实的依据。

空间设计首先要着重于空间及其形象的变化,在形象、结构、色彩上要有创新,要有个性、多变、对比的特点,同时要保证从角度上讲是合理的。空间关系的设计是陈列设计的基础,这个阶段是对整个展示活动整体艺术效果的捕捉和探索。设计草图上应标明主要布局内容、文字形式、布局尺寸、布局位置、制作材料等。通常,为了直观体现布局的设计效果和计算面积,展示部分的立面往往按照游览路线的走向,按一定的比例进行布局。布局内容与展示环境的结合是本次设计过程中需要解决的问题。除这些主要部件外,其他特殊部件如有不同用途,也应以详图表示。一些展示空间的细部结构特别复杂,执行难度大,除了通过平面、立面、剖面图表达设计意图外,还可以使用 3D 立体草图来表达相关内容。

(二)展示设计效果图

陈列设计效果图是利用虚拟三维空间的透视和建模方法对陈列空间效果进行设计和描述的图画。展示设计效果图不同于专业性很强的工程施工图,它能更形象、具体地表达设计意图和概念,表现现实材质,物体的颜色和纹理,改变物体的阴影。

展示设计的精美再现还可以反映出极具观赏性的艺术品形象所固有的艺术规律(如整体的统一、对比与和谐、韵律与律动、草图与色彩的关系、虚实画面的关系等),制作效果图是项目展示的关键,一个好的角度和独特的透视构图将影响整个项目的执行。基本上,效果图的表达方式有手绘和电脑两种,手绘效果图在过去被广泛使用,通常包括水彩、水粉草图。随着时间的推移,市场对电脑效果图的需求越来越大,因为电脑的表现力很强,可以更真实地渲染设计的材质和颜色,可以比较完整地模拟现实世界的效果。

效果图的绘制是设计过程中的一个重要环节,无论采用何种表现方式,都关系到整个项目的成败,所以在执行上,设计要综合考虑,着重在能够体现设计创意的主体空间和造型上。

(三)展示设计模型

根据展示空间和展示对象的形状结构,按照这个比例做出的立体展示效果,称为展示模型。陈列模型比二维、三维的表现图形更具有说服力,更能准确、忠实地传达陈列环境的空间感、材质感和灯光感,因为它代表了陈列环境的三维空间。整个造型过程是从方案的构思、方案的设计到拟定的整体实施,从而获得满意的展面效果的过程。

在陈列设计过程中,模型的表现主要分为三类:创意模型、研究模型和正式模型。

第五节　展示设计中新技术的运用

一、数字技术

空间展示的最终目的是获得观众的积极反馈,展示应利用各种技术和手段积极调动观众的参与度和兴趣,使观众对展示的内容有更深的印象。运用多种陈列技巧和方法,不仅可以丰富陈列设计的多样性,而且可以直观、形象地表达陈列内容。

(一)数码视频技术的应用

展示设计的重点是一个由显示环境和设施媒体组成的系统,其中所有内容都作为信息出现。当代展示设计已经超越了单纯塑造展品形象的阶段,发展成为以体验为中心、有主题、有故事的综合性展示活动。展品放置在特定的情境中,通过环境与展示手段的结合,展品所承载的价值取向、文化内涵等深层含义更能被参观者认同。在这里,展示设计就像舞台剧,展品就是演员,展示空间向参观者展示情节,让参观者深入其中。

利用数字影像技术是对现代计算机技术展示设计影响最大的技术手段之一,利用数字影像技术支持影视是计算机技术应用的一个重要方面。早在1960年代,相关的国家开始建立研究。在20世纪70年代后期,随着微型计算机的出现,数字成像技术的使用有了突破。数字成像技术在电影制作中的应用始于1977年的星球大战。这项技术最大的贡献在于它可以有效地控制图像源的位置,从而可以利用数字技术来填补现实世界中各种机械效果之间的空白,此时动画技术开始影响电影和电视行业。对于空间展示,数字成像技术可以虚拟地塑造超现实的场景、过程和物体,是展示事物变化过程和历史的一种非常有用的手段。

在传统的影视行业中,数字技术是导演用来解释情节的手段,几乎每一部好莱坞大片都用它来处理场景。尤其是近些年,甚至有些电影,不仅场景被电脑虚拟化,演员也被电脑虚拟化,如电影《忍者神龟》和《钢铁侠》的男主角就是这样一个用 3D 数字动画制作的角色。利用数字 3D 动画技术,我们可以看到用传统电影技术难以拍摄的场景,如太空航海、微观世界和巨大的战争场面。

当代数字视频技术不仅可以塑造虚拟场景,交互技术的发展也为展示提供了新的表现手段。例如,"交互式动作捕捉技术"可以在屏幕上记录游客的一举一动和反应,甚至将游客的场景效果合成在屏幕上,达到身临其境的效果。

展示中经常使用的另一种视频技术是将视频图像与场景或模型相结合,以创造丰富的视觉效果。例如,"幻影成像"系统,又称虚拟成像,是基于"实景建模"和"幻影"光学成像相结合,将拍摄到的图像(人、物)投射到主景观模型上,是一套演示故事制作过程的装置。逼真、虚幻、变幻莫测,非常直观,给人留下深刻印象。由三维模型场景、造型灯光系统、光学成像系统(以幻影成像胶片为成像介质)、视频播放系统、计算机多媒体系统、音响系统和控制系统组成,可实现大场景、复杂生产线和产品大尺寸等逼真展示。

(二)计算机程控技术的应用

在现代展示设计中,尤其是商业或科技展示中,声光技术的使用已经非常普遍。在实际展示过程中,各种技术元素的有机结合对于营造完美的展示氛围,提升展示的艺术效果极为重要。在展示中,需要有效地控制各种声音、影片和灯光的顺序和时间,其中计算机程序控制技术是最有效的控制方法。软件控制技术可以根据景点展示的顺序和展示内容的要求,控制相应的视频、声音和灯光,产生丰富的展示效果。利用智能电脑控制技术,还可以通过传感器评估访客的位置和人数,甚至可以通过记录访客的动作和表情来控制灯光和音乐。

在设计展示的过程中,虽然设计师的创造性思维和空间想象力占主导地位,但展示技术是设计的重要手段和可利用的元素,只有通过对这些新技术的创造性运用,设计师才能达到更神奇的效果。计算机控制技术的发展远远超出了上述应用范围,高度智能化、自动化的控制可以管理更多的对象;与其他技术相结合,可以充分发挥计算机技术的优势,提高展示效果,创造更丰富的空间。

二、新媒介技术的运用

在当今信息社会,科技的进步与突破往往成为新技术交流会的主题,并力图提升其影响力,将其转化为新的生产力。建筑、信息技术、材料科学、照明等技术的突破也促进了当代展示设计艺术的发展。新技术往往是先进显示方式的载体,随着技术的发展,各种新型多媒体设备也变得更加多样化和现代化。在展示空间中,新媒体设备可以非常方便地为参与者提供互动体验,在越来越多的展示空间中,观众可以了解新媒体和新技术的呈现方式。现代陈列已经从以前的静态、被动的陈列逐渐转变为动态的、互动的陈列。新媒体的展示利用图像、网络等技术增加了展示的信息量,极大地拓展了展示设计的传播潜能,提高了传播效果,以便让观众通过视觉、听觉、触觉等方式体验虚拟演出的效果。

(一)多媒体技术的运用

在现代展示艺术设计中,多媒体已成为展示设备和技术手段的主要组成部分。与过去的传统展示不同,当代多媒体融合了计算机、互动设备和数字演示等技术,创造出多功能的互动环境和设施。多媒体技术有两个显著特点:一是综合性,多媒体技术集计算机、通信和视听技术于一体,是计算机、交互设备和数字演示的集成;二是交互性,机器与人的交互可以在交互式工作环境中体验身临其境的场景,观看者可以根据自己的需要控制多媒体,其最大的优势在于交互交流。目前流行的多媒体概念,主要是指人体器官可以直接感受和理解的各种形式的信息,如文字、图形、图像、声音和触觉等。多媒体系统包括各种计算机、球形屏幕、大投影屏幕和若干提供音频和视频的交互设备(图3-7)。

图 3-7 多媒体展示

"多媒体"一词意味着以多种方式表达、交流和互动的能力。多媒体将动态的视频图像、声音、场景或布局、模型、灯光等因素组合在一起,创造出丰富的多媒体显示形式。展示空间的多媒体手段有很多种,可分为两大类:一类是具有互动体验功能的互动设备,如投影仪、电脑激光灯、大屏幕、幻灯机、光感应器、触摸屏或电子相机等是常用设备;二是增强空间视觉效果的投影显示设备。多媒体技术由于动态性大、信息量大等特点被广泛应用于各类展示中,但多媒体展示对照明条件的要求比较高,往往在相对封闭、黑暗的空间中使用,也成了"黑匣子",是近年来许多博物馆空间运用的主要原因。

多媒体投影屏幕或显示屏体积小,组合多样,易于与展示设计相结合。多媒体展示的内容不受时间和空间的限制,可以对展品进行详细的讲解。计算机网络是应用最广泛的多媒体技术,可用于信息检索、浏览和查询。今天,大多数大型企业都创建了交互式品牌媒体界面。例如,三星建立了自己的商业信息网站来推广各种新产品。这种方法信息量大、互动性强,广泛应用于展示中。在实际展示中,通过多媒体显示动态图像,并配以文字或音频解说,使展示更加生动。博物馆多媒体设备的广泛使用,可以让参观者深入了解静态展品的其他动态信息。多媒体的优点是不受时间和空间的限制,画面和声音效果逼真,尤其是一些球形屏幕和多屏电影更能让人有身临其境的感觉。这种产品的虚拟展示已经成为展示发展的新趋势。

目前,多媒体技术正向三个方面发展:一是控制技术与多媒体技术相互渗透到工业自动化、测控领域;二是计算机系统本身的多媒体特性;三是多媒体技术与智能家电、身份识别网络通信等技术相结合,在教育、企业管理、咨询、娱乐、办公自动化等方面找到出路。由于多媒体具有以声音、图像、交互等多种方式传播和交流的能力,各种多媒体手段的多样化应用成为展示设计发展的主流。

(二)网络技术的应用

由于互联网的广泛应用,它已成为继报刊、广播、电视之后的第四媒体,网络技术的发展催生了具有网络传播特征的体系结构。互联网及相关技术的发展极大地提高了网络的带宽。多媒体技术可以通过网络得到更大的发展,新开发的多媒体软件大多扩展了网络和多媒体技术在展示设计中的应用范围。信息化和网络技术在会展业的广泛应用,可以进一步提升会展的媒体功能,而这种数字化、信息化建设最终将促进会展服务内涵的延伸,为参展商和公众带来更大的便利。参展商和组团参展商可通过企业网站、电子邮件、网络身份安全认证技术、电子支付方式和服务、网上商品交易系统、信息数据的在线传播和自动化处理等信息技术进行交流。在显示行业运用网络应用,可以提高工作效率,降低成本。

三、虚拟技术的运用

虚拟现实(Virtual Reality, VR)是近年来计算机网络世界的热点之一,它在社会生产生活的许多方面都具有十分广阔的发展前景,是"数字地球"概念的基础技术和基础。

(一)虚拟技术的概念与特征

虚拟技术以心理学、控制论、计算机图形学、数据库设计、实时分布系统、电子学、机器人学和多媒体技术等多学科为基础,是信息领域研究、开发和应用的中心。虚拟技术是一门将人与信息融为一体的科学，其核心是由三维交互计算机生成的真实或虚拟环境，其目的是通过人工合成来表达信息。借助虚拟技术，可以将复杂或抽象的概念可视化，以某种方式将系统的子组件表示为具有精确含义的符号。虚拟现实是利用计算机及其他相关仪器设备，通过视觉、触觉、听觉、嗅觉、味觉等各种感官通道的实时模拟和实时交互，逼近真实世界的模拟。虚拟技术构建的世界不是静止的，它可以响应用户命令（手势和其他动作命令等）。用户可以在虚拟环境中四处移动并操作其中的各种对象和设备（图 3-8）。

图 3-8　智能家居展 虚拟概念图

与传统计算机相比，虚拟现实系统具有四个关键特征：交互性、多感知性、临境性、构想性。

1. 交互性

交互性是指用户在虚拟环境中对对象的操纵程度和来自环境（包括实时）反馈的自然程度。虚拟现实系统中人与环境的交互是一种近乎自然的交互，参观者可以使用特制的头盔、数据传输手套、服装等传感器与环境进行交互。计算机记录人的身体动作以调整系统的画面和声音。用户在虚拟环境中操作设备时可以获得自然的实时反馈。例如，在驾驶虚拟汽车时，用户可以感受到汽车行驶的声音、方向盘的惯性和风的呼啸声,汽车也会对用户的动作做出反应,让参与者获得最大的收益,感受到极强的现实感和趣味性。

2. 多感知性

多感官是指除了一般计算机技术的视觉感知外,还包括力知觉、听觉知觉、运动知觉、触觉知觉,甚至嗅觉知觉和味觉知觉。理想的虚拟现实技术应该具有全人类都具有的感知功能。但由于相关技术特别是传感器技术的限制,目前虚拟现实技术的感知功能仅限于运动、视觉、力、听觉、触觉等。

3. 临境性

临境性是指参与者在模拟环境中感觉与角色一样真实的程度。理想的模拟环境应该让参与者难以辨别真假,甚至超越真实,空间感、灯光、音效比真人更逼真,让参与者充分沉浸在计算机创建的三维虚拟环境中。计算机根据人的触觉、视觉和听觉的心理生理特点,创造出逼真的三维图像。可以将参与者置于虚拟环境中,佩戴交互式设备,如头戴式展示和数据处理手套。参与者在虚拟环境中与现实世界中的各种对象进行交互。所有环境都会移动,听起来很逼真,甚至尝起来和闻起来都很真实,与现实世界中感觉是一样的。

4. 构想性

虚拟现实技术应该具有广阔的想象空间,可以扩展人类的认知范围,它不仅可以再现真实环境,还可以自由想象客观上不存在甚至不可能存在的环境。参与者沉浸在一个多维的信息空间中,依靠自身的认知能力和感知能力,全面地获取信息和知识,并根据所获得的信息和经验,通过思维推理、逻辑联想和判断的过程,获取更多的信息,形成广阔的想象空间。

当前虚拟技术具有广泛的潜在应用,如工程设计、数据可视化、计算机辅助设计(CAD)、飞行模拟、远程医疗、多媒体远程教育、艺术创作、娱乐游戏等。城市规划者可以利用虚拟技术向客户交付3D虚拟模型;军队可利用虚拟技术进行作战模拟训练,利用虚拟现实技术使受训人员在听觉、视觉等方面体验真实的战场环境;三维游戏是虚拟现实技术的重要应用,这是方向之一,同时对虚拟现实技术快速发展的需求拉动起到了巨大的推动作用。

虚拟现实界面数据交互工具是一项新兴技术。其目的是使人机交互更加人性化，使信息系统更能满足人的需求，使用户能更直接地与数据进行交互。除了传统的键盘、鼠标、展示和操纵杆外，这些是最重要的数据手套（Data Glove）、仪器手套（Instrumented Glove）、立体偏振眼镜等操作工具。立体视觉的产品还有头盔式展示（HMD）和液晶快门眼镜（Liquid Crystal Shutter glasses）。VR设备有沉浸式VR系统，加入了如HMD、多个大型投影式展示，并增加触觉、力感和接触反馈等交互式设备，向全身数据服装的方向发展。

（二）虚拟技术在展示设计中的运用

在为数字时代设计展示时，让参观者真正身临其境地体验展示内容一直是设计的关键点，而虚拟技术恰好提供了这样的机会。今天，大多数科技馆、城市规划馆和艺术馆都使用虚拟技术让观众体验丰富的展示内容。例如，在苏州城市规划展示馆举办的"水乡漂流"活动中，市民可以戴上特制眼镜，乘坐模拟船在苏州古城古水系中航行，以游人的视角观看苏州古城的历史风貌。

虚拟空间为展示设计的发展开辟了一片新天地，提供了更广阔的表现空间和技术空间。虚拟空间是由电脑模拟出的三维环境，与真实的三维环境一样，参与者可以身临其境，对系统中的任意物体进行操作，为参观者提供全方位的心理和生理全新体验。置身其中，不仅可以全面观察周围，听到八方声音，还可以拥有触觉，感受力的存在，闻到气味；驾驶模拟汽车，会听到耳边呼啸的风声和水鸟的叫声，还会感受到海浪的存在和水的味道。在虚拟空间中，参与者获取信息的行为是完全主动的。通过简单地操作终端设备，可以根据使用者的意愿定制环境。这是虚拟空间与传统三维环境最大的区别，也是一种交互的展示方式。

虚拟现实的发展前景十分诱人，连接网络通信的特点更是人们梦寐以求的。在某种程度上，它将改变人们的思维方式，甚至改变他们对世界、对自己、对空间和时间的看法。它是一项发展中的新技术，具有深远的潜在应用方向。互联网的出现赋予了展示设计师新的责任和创作空间——一个虚拟的网络社会。展示设计是科技与时代的结合。虚拟现实技术将推动展示设计理念的创新,将展示设计带入数字虚拟空间的新领域。展示空间的设计者可以借助先进的技术手段,更合理地组织人与人、人与自然、人与机器的关系,规划更有效的信息传递方式。

第四章
博物馆空间展示设计

　　博物馆空间展示的目的是向观众展示和介绍博物馆收藏的各种文物、艺术品、科学标本等。博物馆空间展示通常分为几个部分，每个部分展示不同的类别或主题的展品。博物馆空间展示的设计很重要，因为它决定了观众对展品的感受和理解。博物馆空间展示应该注意展品的布局、照明、陈列方式、标识和导览等因素。本章将对博物馆空间展示设计展开论述。

第一节　博物馆展示设计概述

一、博物馆的类型与功能

（一）博物馆的类型

博物馆是一种收藏、研究、展示和传播历史、文化、艺术、科学等各种知识的机构。根据不同的主题和展品，博物馆可以分为许多类型。以下是一些常见的博物馆类型。

（1）历史博物馆：收藏和展示有关历史的物品，包括古代器物、文献、艺术品等。

（2）艺术博物馆：收藏和展示有关艺术的物品，包括绘画、雕塑、装饰艺术等。

（3）科学博物馆：收藏和展示有关科学的物品，包括天文、地质、生物等。

（4）文化博物馆：收藏和展示有关不同文化的物品，包括民族服饰、工艺品、音乐器材等。

（5）自然博物馆：收藏和展示有关自然界的物品，包括动植物标本、地质标本、恐龙化石等。

（6）车辆博物馆：收藏和展示有关车辆的物品，包括汽车、卡车、车辆机械等。

当然，这只是一个简单的分类，博物馆的类型还可能更加多样化。博物馆也可以根据所在的地区或所属的机构分类。例如，国家博物馆、省级博物馆、市级博物馆等。还有一些特殊的博物馆，它们可能是为了满足特定的群体或兴趣而建立的。例如，为了吸引儿童，可以设立儿童博物馆；为了吸引游客，可以设立旅游博物馆。

此外，博物馆也可以根据其功能和特色进行分类。例如，有的博物馆专门用于学术研究，有的博物馆专门用于教育，有的博物馆专门用于娱乐。

多元的文化底蕴导致了博物馆的多元化,目前我国的博物馆类型,除了传统的综合性、历史性、艺术性,还逐渐向科技、自然、民族、民俗、生态和生活各个领域的学科类型和主题博物馆发展,呈现出博物馆社会化、专业化、多元化的发展趋势。四川省国家文物局作为我国博物馆主管部门,根据我国实际情况,参照分类方法,将中国博物馆分为历史类、艺术类、自然科技类、综合类四种。

历史博物馆就是我们通常理解的从历史的角度来展示藏品的博物馆,主要展示古代人的生产、生活或遗迹,如中国国家博物馆、景德镇中国陶瓷博物馆、西安半坡博物馆、秦始皇兵马俑博物馆、韶山毛泽东同志纪念馆、中共一大会址纪念馆等。

艺术馆主要展示藏品的艺术审美价值,如南阳汉画博物馆、广东民间艺术博物馆、北京大钟寺古钟博物馆、天津戏剧博物馆等。故宫博物院展示的藏品有绘画、雕塑、装饰艺术。建筑风格也很有美感,给人以强烈的美感。因此,从分类上来说,故宫与其说是历史博物馆,不如说是艺术博物馆。

自然历史博物馆以分类、发展或生态的方式展示自然世界,从宏观或微观的角度以三维方式展示科学成果。科技馆将宇宙天体、人类、环境、物质、能量、信息等大量科学原理和应用成果,以最形象生动的方式呈现给公众,启迪智慧,激发人们的兴趣,理解科学技术在推动社会进步中的作用。这类博物馆如北京自然博物馆、中国地质博物馆、中国科学技术博物馆等。

综合性博物馆是综合展示当地自然、历史、革命历史和艺术藏品的博物馆,如南通博物馆、山东省博物馆、湖南省博物馆、内蒙古自治区博物馆、黑龙江省博物馆、甘肃省博物馆等。我国本土博物馆高度重视产业和文化事业,越来越多的优秀博物馆相继建立。其中,不仅有大型国家级博物馆,也有很多私人博物馆,这些博物馆多为主题博物馆,而且大多是建立在私人收藏家收藏的系列藏品基础上的博物馆,如大唐西市博物馆、观复博物馆、中国紫檀博物馆、甘肃马家窑彩陶文化博物馆等。在国家高度重视主题博物馆的今天,必将助推中国博物馆事业的发展,对博物馆行业产生强大的影响力和方向。这些填补了博物馆类别的空白,体现了行业特色和区域特色。

（二）博物馆的功能

博物馆是一种收藏、研究、展示和传播历史、文化、艺术、科学等各种知识的机构。博物馆通常都有一个主题或特定的收藏领域，如历史、艺术、自然历史、文化遗产或科学技术。博物馆通常由一系列展厅组成，展示不同的收藏品和主题。许多博物馆还提供教育计划、讲座、工作坊和其他活动，以吸引不同年龄段的参观者。有些博物馆还具有研究中心和图书馆，供学者和其他研究人员使用。因此，博物馆具有许多功能。以下是一些常见的博物馆功能。

（1）收藏功能：博物馆收藏各种历史、文化、艺术、科学等物品，保存这些物品，并使其能够长期保存。

（2）研究功能：博物馆为学者提供研究条件和资料，帮助他们进行科学研究。

（3）展示功能：博物馆展示各种历史、文化、艺术、科学等物品，让观众了解这些物品的价值和意义。

（4）教育功能：博物馆通过展览、讲座、工作坊等活动，向公众传播知识，促进公众的教育。

（5）娱乐功能：博物馆为观众提供观赏、参观、游览等娱乐活动，让观众在欣赏美好的物品的同时享受娱乐。

（6）传承功能：博物馆保存和传承各种历史、文化、艺术、科学等遗产，使人类能够继承和发扬这些遗产。

二、博物馆的展览类型

博物馆展览主题的选择会受到展览类型的限制，不同类型的展览会导致展览空间设计手法和展览布置方式的差异，而且博物馆的性质也决定了室内展览的类型。通常博物馆展陈类型包括以下三种形式。

（一）基本陈列

这种陈列是博物馆的主要陈列部分，陈列的内容主要是为了突出博物馆的特色，即反映博物馆地域或类型的特点。比如，首都博物馆的基础展"古都北京·历史文化篇"以北京深厚文化为主线,以时代变迁为序,再现北京精彩的历史画卷,诠释北京文化的独特魅力,表达北京对中国传统文化的贡献。传承与延续揭示历史规律表明,北京作为一个多民族、多文化融合的城市,逐渐成为中国的首都和文化中心。在这一部分,展览内容从历史文化的角度,展示了从距今46万年的上古到中华人民共和国成立的漫长岁月里,北京经历了从原始部落到城市、从中国北方的政治中心到大城市、从封建王朝统一首都和中华人民共和国首都到建设中的国际大都市的历史过程。通过对北京城市定位、政治经济、民族融合、中外文化交流、宗教发展等多方面的综合、多方位呈现,总结了北京文化的汇集、创新、多元、延续和进步。内容结构选取了六个场景:"海陵王迁都""元大都积水滩码头""北京之战""花都城(康雍乾时期的北京)""五四运动"和"开工大典",是连接北京历史的一个结。

(二)专题展览

专题展是以特定主题为主要界面,通常以藏品中包罗万象的展品作为展览内容,突出展品的特色,如首都博物馆特展"古代瓷器艺术展",以北京首都为依托,传世瓷器以北京地区宋、辽、金、明、清时期遗址、墓葬、地窖中出土的瓷器为主。展览分为四个部分,共展出170件文化古迹元素。宋辽金越窑彩绘青花宴注壶、定窑白釉童子唱壶、绿釉杜家式净水瓶等;元大都发现的青花釉多亩罐、青花扁凤头罐、釉里红花卉纹玉春瓶、钧窑蓝釉贴花兽面纹双耳瓶、磁州窑四系白地黑扁罐的龙凤纹图案等;明清宣德蓝釉洒蓝釉碗、成化葡萄纹斗彩杯、珊瑚红地珐琅雍正花鸟瓶、乾隆翠绿地粉彩蕃莲纹多穆壶,实属罕见和稀有品,体现了中国陶瓷的独特性,历史发展阶段和当时北京的历史发展轨迹。

(三)临时展览

临时展览主要是从时间上来界定的,临时展览是短期展览,他们举办展览的目的是补充博物馆展览的不足,同时鼓励公众不断地来这里看展览,增加博物馆的知名度。临时展览的内容往往反映社会热点和社会问题。它是博物馆与公众联系的窗口,也是博物馆最具经济优势的展览项目。例如,首都博物馆曾经展出的"世界文明大英博物馆之250年藏品展"故宫博物院藏金银器特展""齐白石艺术大展""历史的釉光——湖南醴陵釉下五彩瓷珍品展""江西古代文物精品"等。

第二节　博物馆空间划分与展示空间的布局、构建

一、博物馆空间划分

（一）博物馆功能划分

博物馆的室内空间不仅仅指展品的陈列空间，还包括供公众观赏的辅助功能空间。因此，博物馆的室内空间由许多不同功能的空间组成。主要依据是能否合理地组织展会，方便公众参观展会，以达到有效传播的目的。根据功能的不同，博物馆的内部空间可分为入口接待空间、信息展示空间、公共活动空间、附属服务空间和交通连接空间。

1. 入口接待空间

入口接待空间位于博物馆空间的起点，这一功能空间的布局既要作为对观众的接待和展示，又要引导和分散观众的注意力。

2. 信息展示空间

信息展示空间即展品陈列空间，是博物馆内部的主体空间，其他功能空间依此空间布置和服务。信息空间的大小和组合应根据展品的类型、尺寸和数量来确定。对于简单的展品，可采用"独立展位"布置；对于多个展品，则需采用"复合展区"。

3. 公众活动空间

公共活动空间是展览观众使用和进行活动的场所，是观众停留、休息的场所。随着博物馆开放、免费政策的实施，参观层次不断提高，博物馆也逐渐扩大了室内公共空间，以满足多样化的展览观众需求。公共活动空间通常包括：为公众设置的交流空间、休息空间、就餐空间、阅读空

间等。

4. 附属服务空间

博物馆工作人员使用的辅助服务空间,如员工办公室、仓库、车间、卫生间等,通常围绕信息空间打造,不属于设计展示的空间范畴。

5. 交通联系空间

交流空间是公共工作人员的交通活动场所和展览内部办公场所,包括博物馆内部的通道空间、人流和展品的交流通道、楼梯等。广州博物馆的室内交流空间宽敞,平时用作交流空间,也可作为特定时期的临时展览空间。

(二)功能空间的序列

根据博物馆内部不同功能空间之间的关系,以及展示和观赏的需要,可将不同的功能空间与展线有机联系起来,方便公众观展。在组织这些功能空间时,首先应根据展览设计理念合理规划展线,各功能空间应围绕展线展开,其次要考虑内部人员交流通道。工作人员路线处于次要位置,如果规划得当,可以提高博物馆内部工作效率,减少对公众正常参观的干扰。在组织博物馆内部空间时,沿展线布置的空间节点应区分主次,同时展览的视觉中心应合理布置在展线上,并有清晰的视觉识别系统,用于有不同展览需求的观众参观展览。博物馆功能布局图用于说明展览空间所需的功能区域以及各个功能区域之间的相互关系。

入口处的接待空间是公众接收信息的第一场所,也是展览全程观展活动的开始,空间应明确公开。信息展示空间是观众接收信息的主要空间,展品在此空间展出,在设计过程中,根据展品的特点和类型,合理布置此空间,使观众可以在引导空间中逐渐达到展览的高潮。公共活动空间是为公众提供服务的空间,公众在参观展览的同时交流信息、休息和进餐。公共活动空间往往安排在一系列功能空间的后面,预示着社会信息接收行为的终结。

（三）展线形式设定

展线是展品的流线，当然也是公众的主要观赏路线。根据博物馆规模、空间形态、展品性质、观众类型等因素的限制，展线的形式也随之发生变化。展线是有方向的，入口是展线的起点，出口是展线的终点。指定展线的目的是让展品能够按照博物馆的展览计划和公众的需求进行展示，同时利用既定的展线引导观众有序地参观展览，以便于传递展品所携带的信息。

陈列线应根据博物馆固有的空间相位、地面条件、柱间距等进行定位，应连续流畅，布局灵活，同时应避免与博物馆内部人流交叉。常见的形式有单线展、封闭展、环形展、放射状展、自由展、网状展、混合展等。展线的具体布局应视博物馆内部空间的具体情况而定。

二、博物馆文物展览的空间布局原则

（一）以人为本的布局原则

博物馆的陈列设计主要是为了给公众提供视觉效果，希望能给人以一定的教育，实现文化交流。因此，这就要求展览设计以观众为中心，以观众为主体服务。通过数据分析，越来越多的人开始关注博物馆的重要性，参观人数逐年增加，通过参观博物馆，我们可以获得更多的历史文化知识，同时达到娱乐和交流的目的。因此，随着观众的审美要求的提高，博物馆也有了更高的要求，这就需要设计师在设计展览前，要敏锐地感知观众的心理需求，准确定位观众，让设计师根据观众的需求设计，保证文化交流和传播的效果。

（二）艺术布局原则

一般来说，艺术品被安排在一个特定的空间，展览设计中的每个环节都与一个艺术类别相关。此外，对于文化古迹，设计师也应该充分了解文化古迹的工艺，并根据自己的审美来呈现，以满足大众的期待。

（三）总体布局原则

在空间布局设计中,博物馆陈列设计是一个完整的系统,需要根据观众的特点和展品的特点进行设计。在博物馆陈列设计体系中,其中三个重要组成部分是观众、文物展品和展示空间。为了提高空间布置的效率,有必要组织好这三个要素之间的关系。这三个部分相互影响、相互制约,综合考虑彼此的影响,提升设计效果,为观众提供无限的美感。

（四）主题与内容符合的原则

设计应明确展览的性质和类型,确定是长期展览还是短期展览,是考古展览还是历史古迹展览,并根据文物的特点进行合理设计。要想设计出好的平面设计,就必须了解文化古迹展览的主题和内容。设计和展示通常需要一个包罗万象的主题,阐明概念,提供概念清晰度,并增强展示效果。

在展示设计中,每一处文化古迹都有其合理的摆放位置,以保证一定的空间效果。因此,设计师应根据题目的要求,考虑每件展品的特点,并从中创造出合理的组合。它们之间有多种组合,但重要的是将各种展品以一定的逻辑统一起来,以揭示它们的共同本质特征。一般来说,重点应该放在文物的讲解和展示上。一方面,辅助展品也能起到关键作用。由于不同的事物表达的内容不同,因此从不同的角度会发现不同的理解。对于这种情况,我们应该如实分析。在设计空间布局时,有的文物需要强调其空间,有的则弱化其位置,以更好地体现层次感,满足接受者的心理需求。设计师应合理组织文化古迹展品,以达到整体效果。

我们应该有自己的艺术风格。在一件艺术品中,作品的艺术风格是它的灵魂。款式繁多,有素雅、柔美、粗犷等。因此,设计者在设计样机的形式时,应慎重考虑风格,使其与展品的特点相吻合。面对展览的主题和内容,我们必须做出独特的分析,充分把握观众的心理特点,才能更好地把握观众的审美要求。此外,形式的设想还要求在追求局部变化的基础上,统一整体风格。若不统一会导致展览混乱,影响整体效果。

三、博物馆展示空间的布局方法

（一）独立展示空间

1.中小型独立空间

（1）空间的特点

政府、企业和机构中的单一展览博物馆和历史档案馆经常使用独立的展示空间进行展览。由于独立空间不是组合空间，陈列主题单一，因此空间设计相对简单，布局灵活，使用展台、展架等陈列道具，将陈列划分在根据展品的特点所布置的空间中。

（2）空间布局手法

在一个独立的空间中自由灵活地分隔空间，这种空间打破了传统的"组合"概念。它不是把成千上万个独立的空间组合成一个整体，而是把空间分割成成千上万个展示面，这些展示面虽然千姿百态，但又相互交叉，彼此之间没有清晰分明的界限，从而失去它们的独立性。这种空间形式是西方现代建筑的产物，其主要特点是打破了古典建筑空间连接的机械性，为创造高度灵活和复杂的空间形式提供了可能性。空间内的展线不固定，观众可以在展厅内自由选择展线。

独立空间划分空间时，注意输入输出的排列，输入输出的不同排列会影响空间利用率；如果独立空间较小，在中间打开输入输出会浪费空间显示区域。侧面会增加间距区域。如果出入口相连，很容易产生人流交叉。如果出入口分开布置，人流顺序清晰，连续性好，避免了访客的交叉流动。

在一个相同形状和大小的独立空间中，内部展品的不同布置会产生不同的空间印象：当展品沿周边放置时，空间显得开阔；当展品放在中间时，展区给人的印象会比较拥挤。

（3）展线形式

单线展线：便于控制展览空间，可根据博物馆的展览方案和设计师的想法来安排展品的顺序。这种展线布置形式适用于中小型展览空间。封闭式展线：适用于只有一个出入口的小型展览空间，展线单一，易于控制，但要解决进出观众的人流相互干扰。

（4）空间适合展示项目范围

中小型独立空间适用于政府、企业和事业单位的单一展览博物馆和历史档案馆,而一些私人收藏和小型美术馆也适合独立展示布局。

2. 大型独立空间

（1）空间特点

大型独立空间往往被标准的舱室模块划分成数千个信息区,这些信息区由等间距的通道连接成一个整体。

（2）空间布局手法

在一个大的独立空间内,将整个展示空间沿柱网或按推荐尺寸模数划分为规则展位,并以标准展位提供展品,将整个空间的主通道和次通道按入口和次通道布置。独立空间通道出口,大型独立空间采用统一布局方法,这种方法便于合理划分。

（3）展线设定

大型独立空间往往采用网格状的展线形式,虽然大型独立空间内的展品很多,但展览的主题是一致的,展线没有明确的方向,而且观众可以自由选择展览路线。采用这种形式的展线布置时,应准备展位引导系统,使观众能够快速熟悉展品。

（4）空间的适合范围

较大的独立空间适合具有相同特点或属于同一类别的展品。这种陈列方式适合博物馆的临时展厅和陈列的空间布局。

（二）复合展示空间

1. 串联空间模式

（1）空间的特点

串行空间模式也称为线性模式,是指信息显示空间相互连接,呈直线排列。当展品属于同一展品类型或系列时,往往采用系列空间模式。优点是展览空间易于控制,可以根据博物馆和设计者的意图来安排空间,这种空间组合通常用于展览主题相同的展览活动。

（2）空间的布局手法

信息展示空间以特定的顺序相互连接接触,形成连续的空间序列。

这种空间组合形式的信息展示空间直接相连，不仅紧密相关，而且具有清晰的顺序和连续性，通常适用于布置在线性空间中的博物馆。

（3）展线设定

展览空间相互连接时，展线往往采用具有一定方向的连续展线，这种展线简单明了，入口可分可合，但观众不能灵活选择何时观看展览，只能按固定顺序观看。另外，不同信息面分段使用不方便。

（4）空间的适合范围

串联空间模式适用于展品具有共同属性或展品以时间为主要关联因素的线性空间排列的博物馆。

2. 并联空间模式

（1）空间的特点

并联空间模式也称为辐射式空间模式，意思是不同的信息显示空间并排排列，互不干扰，并且都以输入空间为中心，围绕输入空间排列。入口不仅仅是一个交通枢纽，也是一个公共功能的出发点，信息空间之间没有联系，每个都是一个独立的展览空间。当展品与每个空间有很大的不同时，通常会使用这种模式其他或不属于同一类型的展品。信息空间分区分层布局，展品划分清晰，观众根据展品的划分直接进入感兴趣的展示区域，这种空间模式有利于减少展品之间的相互干扰，通常用于显示多个主题。

（2）空间的布局手法

控制出入口空间大小，需要打通空间，减少公共道路交叉口，快速疏导人流，还要避免浪费空间和使入口空间过大。各信息空间的布局应保证与输入空间的衔接良好，避免相互穿插。

（3）展线设定

当信息展示空间采用平行空间连接的方式时，内部往往采用放射状的展示线。光芒四射的展线让公众可以灵活进入各个信息空间，互不干扰。

（4）空间的适合范围

并联空间模式适用于大中型博物馆。这些博物馆展品丰富，主题众多。由于存在不同的主题，展品陈列在不同的区域。

3. 主从空间模式

（1）空间的特点

以一个大的主展示空间为中心，围绕这个主空间布置其他信息展示空间。这种空间组合形式的特点是主体空间非常突出，主从关系明确。而且，辅助展厅与主展厅直接相连，与主展厅的关系密切。此类复合空间既可用于同一展览主题的展览活动，也可用于不同主题的展览活动。

（2）空间布局手法

以较大的主展示空间为中心，根据与主题展示空间的关系，围绕主展示空间布置次要信息展示空间。主空间占据主导地位，辅助信息空间占据从属地位。

（3）展线设定

当空间中只有一个展览主题时，展线一般采用具有一定方向的连续展线，以便观众按照预定的顺序观看展览；当空间内的展览主题较多时，可以选择放射状的展线，让公众灵活地进入各种主题的信息空间。

（4）空间的适合范围

主从式空间模式适用于中型博物馆以及相关历史、政府、企业、事业单位档案馆等。展示内容具有多主题性，展品因属性不同而分区域展示。

4. 廊道空间模式

（1）空间的特点

用连廊连接动线来组织各个信息展示空间，各个信息展示空间之间又互不相连，这种复杂的空间形式称为连廊式。信息空间不是直接相连的，而是通过走廊相连的。这种并置方式将信息空间与交流空间明显分开，既保证了各个信息空间的独立性不受干扰，又通过走廊的通道将各个空间连成一个整体。

（2）空间的布局手法

一条交流廊道连接信息空间，同时也是一条展线，参观者通过走廊进入各个信息空间观看展览。走廊可长可短，视现场情况而定。在采用走廊式展览空间设计时，要注意在适当的地方放置几条捷径，让不想继续探索展览的观众有选择的余地。

（3）展线设定

这种展线布局模式适用于中小型展览空间，展品没有明确的排列顺序，让公众可以按照自己的意愿自由观展。

（4）空间的适合范围

廊道空间模式适用于由多栋单层或多层建筑组成的博物馆群，如由历史建筑群改建而成的博物馆。展品具有共同属性，但不考虑展品之间是否存在关系。

5. 共享空间模式

（1）空间的特点

公共空间形式常用于复杂的展览项目，如省级博物馆。这类展览空间的特点是用一个公共房间来连接不同的信息空间。在这类复合空间中，有多个主题的展示空间。而每个独立的信息展示空间都有自己的展览主题，且展览线路复杂，公共厅不仅起到了连接不同信息展示空间的作用，也起到了分散观众注意力的作用，这种空间模式便于观众观看和使用公共房间进行空间定位。

（2）空间的布局手法

此类展览空间的特点是以公共房间为中心，向四周辐射，引导观众走向不同的信息空间。公共休息室与各个信息展示空间直接相连。公共休息室作为公共集会和交通专用空间，将各个信息展示空间合二为一。这个集线器可以将观众分散到不同的信息展示位置。任何信息空间的观众都可以聚集在这里，对于在相对复杂的展览空间中观看展览的人来说，这个公共房间可以起到很好的定位作用。一个大型的展览活动，根据其规模和功能的需要，可能会有一个或几个这样的定位空间，主从可以位于其中。作为集散展览人流的观景空间，次要中心为展馆，同时也是人流的再分配。

由于公共厅集中负责疏导公共人流和道路连接，前来展览的观众可以选择信息展示位置进行针对性观看，同时极大地限制了公众对各种信息展示空间的干扰。一般只设置一个中央大厅，简化展线，观众容易在空间中定位，同时也可以保证信息空间畅通。此外，观众可以从公共休息室输入任何信息。展示空间不会影响其他展示区域，增加了大型展示区域使用和管理的灵活性。

（3）展线设定

对于大型形式的共享空间，展览往往有多个展览主题，展品种类相对复杂，展览的参观者经常来回流动，因此展览线型有串行和并行两种，经常叠加使用。

（4）空间的适合范围

共享空间模式适用于大型博物馆，这类博物馆展品较多，公众参观人数较多，这种空间布局是考虑到不同展品属性，进行拆分展示的结果。

以上是几种典型的博物馆空间布局类型，应采用何种类型的空间布局，要根据展品的种类和博物馆空间形式的特点来选择。事实上，由于博物馆展品的多样性和复杂性，除了少数博物馆为了一种展品而采用一种空间布置外，绝大多数博物馆都主要采用某一类空间布置，采用三种或多种布局技术来划分展示空间。

四、博物馆展示空间的构建

（一）垂直构建

1. 实体墙面及隔断限定

墙体和隔断的使用是最常规的空间划界方式，通过竖立的墙体和隔断围合空间的特定区域。这样划分出来的展示空间相对封闭，适合永久性划分展示区域。

2. 展示道具限定

利用陈列道具将展览空间内部进一步划分为不同的展区和观展通道。这种限定空间的方式比较灵活，可以根据需要随时改变，同时由于展览道具本身可以作为展品，有利于节省有效的展览空间。

3. 悬挂构件限定

空间可以通过悬挂的竖向元素进行限定，使用竖向元素不仅具有分隔空间的作用，还可以利用竖向面作为图文载体承载展示信息，从而加深观众对空间的印象。在使用悬浮垂直元素定义空间时，应注意悬浮的构造,使其不妨碍观众的视线,不影响观众对展览的接受。

(二)水平构建

1.地面抬高与下沉

通过抬高和降低地面,从展览空间中分离出一个特定的空间,既可以用于展览,也可以作为洽谈、互动和公共休闲的空间。采用地面吊装方式时,应注意展厅内观景路线的畅通,采用泛水方式时,应注意地坑周边的防护,提高周边空间的安全性。

2.顶面的升高与降低

顶面的升高与降低也可以起到限制空间的作用。由顶面的高度定义的空间通常是展示的视觉中心。由底面界定的空间通常用作辅助空间。

(三)虚空间构建

1.光线限定

用光来划定空间是一种常用的空间划定方式。受光限制的空间比较差。这种方法常用于视野的中心,以吸引观众的注意力并增强展品吸引力。

2.材质变化

材质变化的运用让观者感受到空间的界限,常被用来划分各种功能空间,这种方法既划分了空间,又不影响视线和移动。

五、博物馆展示空间策划的流程

策划一个博物馆展览可能需要考虑许多因素,包括展览的主题、展品、布展方案、互动元素、宣传和管理等。

首先,需要确定展览的主题。可以是一个特定的历史事件、文化、科学概念或艺术风格等。主题决定了展览的内容和目的，也帮助策划人确定展品的选择。

其次，需要确定展览的展品。可以是物品、模型、图片、视频等。在选择展品时，应考虑它们的质量、历史价值、美学价值以及与主题的相关性。

再次，需要设计展览的布展方案。这包括确定展品的摆放位置、陈列方式和展览的流程。可以通过设计互动元素，如触摸屏幕、模拟体验、游戏等，让观众更好地理解展览内容。

最后，需要计划展览的宣传和管理。这包括制作海报、宣传册、网站以及在社交媒体上宣传展览，还需要设计门票、售票方案、导游服务和观众管理等。

这是一个博物馆展览设计流程。当然，每个博物馆和展览都有不同的需求，所以这仅仅是一个概括性的指导，有时候可能还需要根据具体情况进行调整。

在确定展览的主题之后，还应考虑以下几点。

（1）确定展览的目标受众：是否针对特定年龄段、地区或兴趣群体？这有助于在选择展品和设计互动元素时做出决策。

（2）确定展览的时间和地点：展览的时间对于展品的保存、宣传和观众的接触都有影响。地点也是重要的，因为它会影响展览的成本和观众的到达方式。

（3）制定展览预算：展览的预算可以帮助策划人确定展品的选择、布展方案和宣传渠道等。

（4）建立合作伙伴关系：如果需要外部资源，如借展品、导游服务或专业建议，可以考虑与相关单位建立合作关系。

第三节　博物馆展示道具、灯光及展示标识系统设计

一、博物馆展示道具设计

(一)博物馆展示道具的造型、照明及色彩设计

1.博物馆展示道具的造型设计

陈列道具的设计应遵循"为物而造形"的原则,其造型的工艺要起到展示展品和服务展品的作用。总的来说,要力求从展品与周围环境上做到统一,外观风格和谐,包括风格统一、陈列属性的统一和陈列特性的统一。

造型设计过程是不断研究构成造型形式的各种因素之间关系的过程。在众多的基本造型中,准确找到符合"展览"预期设计目标的造型非常重要,要做好定位和定向设计。设计师在刻意设计道具时,会使用多种形式,包括自然形式、人造形式和几何形式。自然形态不受人为影响,是在自然发展变化过程中产生的,可以作为道具设计的依据和灵感。

得到各种基本造型后,无论大或小、简单或复杂、规则或不规则,都不能单凭审美的眼光来决定选型,要对展品造型要素进行分析,处理好主次关系,实现展品的目的。在具体项目中,应根据产品特点或品牌形象,对造型进行概括、删减、增减或变换,使道具的造型逐渐趋于完美。

2.博物馆展示道具的照明设计

博物馆道具的照明设计是为了展示展品,因此照明方式的选择必须符合展品的展示要求。同时,在展览空间中,道具离展品最近,光辐射会对展品造成伤害,必须消除紫外线和红外线的辐射。因此,在照明时,应对展品防护加以考虑(主要针对长时间曝光,比如展览空间,比如博物馆,道具照明对展品的展示和保护同样重要)。展示空间常用的光源分为自然光和人造光,其中由于天气变化对自然光的影响,往往会造成道

具陈列的产品明暗不一,照明出现不均匀的现象。因此,需要辅以人工光源,利用光的强弱、色彩和变换,充分体现产品的特点和展览的主题。陈列道具的照明方式通常分为室内照明、室外照明、重点照明和辅助照明四种。

室内照明是指将照明灯具隐藏在陈列道具内部的一种照明方式。这种照明方式的一个特点是光源不必穿过不必要的遮挡物直接照亮展品,所以不会有阴影和眩光。但缺点是光源的热量会影响柜内的温度和湿度,从而对展品造成损坏。因此,室内照明通常采用低热量的荧光灯,一些主要展品也采用光纤照明。

户外照明是指在陈列道具外安装灯具的一种照明方式。它的一个特点是光源远离展览道具,不会向展品发出过多的热辐射。但是因为光线要穿过陈列道具才能照亮展品。因此,如果入射角度选择不当,就会出现阴影和眩光。室外照明通常使用光线更集中的聚光灯。在一些重要的展示中,陈列道具采用低反射率玻璃来解决眩光问题,但成本一般较贵。

为了展示展品的亮点,通常需要通过重点照明来完成,设计师需要考虑在视觉上处理细节。产生光束的点光源通常用于强调展品的重点、立体感和本质。为达到理想状态,设计者需要了解光束构造的一些基本信息,尤其是光的大小和形状(光束角范围、光限、光强分布)、光溢出量和光强度。

在强调展品重点照明的同时,也要注意展品的辅助照明。陈列道具中的展品往往会因为单向照明而增加展品本身的明暗对比,导致暗部的内容无法很好地展示。因此,在展示道具中适当增加辅助照明是非常重要的。

博物馆陈列空间的亮度应比展示空间的亮度高 2 ~ 4 倍,以突出展品的立体感、光泽感、材质感和色彩感,吸引消费者的眼球。光的刺激会影响人的注意力和情绪,而这种刺激必须与道具空间氛围相吻合。灯光的亮度会对人的心理产生影响。亮度要适中,极度的光会破坏道具空间。适度宜人的光线能鼓舞甚至打动人的心灵,使人心旷神怡。

鲜艳的色彩可以为展示道具营造空间氛围。展示照明需要出色的显色性以避免令人不快的眩光。不同光源对物体色彩感知的影响是由显色性能来定义的。光源的显色指数(Ra)是通过将其与具有相似色温的标准光源进行比较来确定的。一般来说,Ra 的光源值越高,色彩还原越好。如果光源的显色指数在 90 以上,说明显色性相当好,显色指数低于 80 的光源通常不能用于博物馆照明。

色温与被照物体的温度变化有关,因此光源色温的选择非常重要,应根据室内和展览的设计综合考虑。应特别注意展品照明光源色温的选择,使其与展览空间周围灯光的光色相协调。强调暖色,如粉红色、橙色和浅紫色会让空间变得温暖、愉悦、充满生机。蓝色、绿色等冷光色彩则使人感到凉爽、冷静、思路清晰。根据不同的气候、展览要求和一般展览显示空间的性质来决定光的色彩。

光色反差不宜过大,光的运动、交换、闪烁不宜过强,否则会引起视觉眩光,使消费者感到严重不适。在艺术效果和氛围方面,陈列道具合理的灯光和配色往往比单纯依靠道具本身的色彩表现更理想。

灯光的作用是更好地展示展品的形状、色彩和细节质感。根据这一总的原则,陈列照明的目的可分为两个层次:初级层次是展示展品,为公众的学习、娱乐、消费和商业服务;高级层次是对艺术作品原貌的真实再现,服务于艺术作品的鉴赏和批评。展览会、展览和贸易展属于第一层,而博物馆属于第二层。陈列道具照明的关键是处理好展品本身的明暗关系,以及展品与背景的明暗关系。展览照明的方法因展品的特性(展品的形状、色彩、形式和质地)而异。同时,还要研究展品上的光线方向是否合适,正确的对比度和光线方向对于营造良好的视觉环境至关重要。

3. 博物馆展示道具的色彩设计

陈列道具的色彩应以展品的色彩为主,在商业陈列中还要以产品品牌形象的色彩为主。道具的色彩配置应根据各种内容、特点和功能的需要,利用色彩的物理特性影响消费者的心理,运用色彩效果、对比和装饰手段来展示展品,营造整个展示空间气氛,增强视觉冲击力。

首先,我们要把握展览的主题,根据整个展示空间的主题和时间来确定陈列道具的色调,是高调还是低调,是暖色还是冷色。在主题方面,博物馆的展览空间,由于往往以历史为主,所以陈列道具要厚重、沉稳、柔和,如首届世博会新馆通史展厅。用于交易会和展览会,道具、色彩要活泼内敛,贴近生活,这样才能在陈列的众多制作人中脱颖而出,最先引起参观者的注意。回想起来,根据人们的心理需求,冬天的展览应该用暖色,夏天的展览应该用冷色。

此外,博物馆道具色彩的运用必须与展览的目的、主题和风格相匹配,以营造艺术化的展览环境。不同的色彩和深浅可以从不同的角度呈现展品的特点,营造展示环境或还原场景或营造梦幻空间。不同主题的表演和展览需要使用不同色调的道具,从而唤起观众情绪、生理和心理上的差异和变化。

例如,以红色为代表的暖色系给人以热情、兴奋、膨胀和最强烈的视觉感受,更容易吸引大众的眼球,适合在标志性的展示空间中使用。冷色调,如典型的蓝色,表达了一种凉爽、平静和收缩的感觉。不同的色彩具有不同的特点,可以营造出不同的环境氛围。陈列作为一种多用途的视觉艺术形式,直接影响着接受者的身心状态,让观众在访问期间轻松、有趣和舒适地获取信息,并最大限度地减少疲劳。

此外,道具和工作人员服装的色彩也必须与展览的主题和展览的持续时间相适应,道具和设备的色彩要结合材料工艺的特点给人以不同的氛围,比如明快、沉稳、华贵、简约等,使展览空间的整体环境更加和谐。

对于以自然为中心的陈列,可以以绿色、橙色、蓝色、土黄色等与自然相关的色彩为道具的主要色彩,以展示自然之美,反映自然的沧桑、历史的变迁和生物的进化。对于展览和销售,则需要设计更贴近生活的活跃、明亮的色彩,激发参观者的消费观念,营造更热烈的购物氛围,促进展厅成交。

一般来说,根据展品的内容、性质和功能特点,选择合适的色调作为道具的基调来统领整体,其余的色彩则围绕这个主色调来考虑,从而营造出整体的统一性。总的来说,色彩宜明快素雅、朴素或无色,油漆色彩宜中等偏色,金属色宜暗淡。这样既能使展品区别开来,又容易达到色彩的和谐,给人以清晰、独特、鲜明的视觉感受。

道具的色彩使用原则上不会造成较大的偏差。道具的色彩对比是由展品与道具背景的色差决定的,道具与展品之间必须有一定的色彩对比,才能使展品脱颖而出。

（二）博物馆展柜设计

博物馆展柜设计的形式比较多,以下仅介绍几种以供参考。

（1）套装式博物馆展柜。鉴于中国传统家具中的套几、套桌、套凳等结构形式,规格大小可制成从小到大尺寸不同的方墩（一系列的五面体),或制成大小规格不同的几形台,用时大小、高矮有变化,组合形式多样;不用时将小件依次收进大件之中,所占空间只是最大台子的面积,充分利用大件展示的空间,减少占用存放或运输空间。

(2)拆装式博物馆展柜。由木质、玻璃、不锈钢等零部件构成,可以拆散再组装的展示道具。

(3)整体组装式博物馆展柜。第一代展示道具都是不能改变结构、大小、形态的,如不再使用,还需要找一个空间大的地方存放或拆散了用这些材料再制作成其他的展示道具,这样既浪费空间,制作出来的展示柜又不美观。

(4)插接式博物馆展柜。由各种规格大小不同的板式插件,在一定部件裁出开口,然后进行插接拼组,组合成展柜、展示柜、展架、展示架、格架、陈列架、指示标牌等各种不同用途的展示道具。

(5)单体组合式博物馆展柜。首先设计出一至多种单体展示道具,再用这些单体展示道具(两种以上或同种单体多个)组合拼装,构成形态和标准上富有变化的新展示道具。这类展示道具在展览会、博物馆陈列和橱窗布置中比较实用。

(6)特定专用式博物馆展柜。在展览会、博物馆陈列中因产品的特殊性,为某种展品制作的专用展示道具。只适合于它,而不适合其他产品的展示。这类展示道具虽不多但需要特定的展柜。

(三)博物馆展示道具陈列

博物馆道具陈列是对展品进行布置的过程。它是根据展览主题的要求和在划分的展览空间中嵌入展览文字的规则,对实物展品和辅助展品进行分类、组合、装饰和布置,以方便公众观看,展示并有效传达展示信息。陈列道具的陈列必须按照一定的顺序陈列,并采用合理的陈列方式对展品进行布置,以达到良好的陈列效果。

1.陈列秩序

在陈列道具时,往往会根据展览主题和观众的需要,将展品按照特定的顺序排列。

(1)场景展示。场景陈列是指设置特定场景,利用相关展品还原当时场景,向公众传达特定时期的信息。以甘肃博物院石窟画像展为例,为让公众亲身体验古代画家绘制壁画的场景,专门搭建了一个舞台,让公众了解壁画的绘制过程。

（2）专题展示。专题展是围绕单一展览主题或特定对象的展览,如雕像展、陶瓷系列展等。以雕塑专题展为例,将不同时期的雕塑、不同艺术家的雕塑或同一艺术家不同时期的作品进行比较,让观众了解创作者的思想。

（3）关联展示。关联展览是以一个展品为基础,辅以与其生产或使用有关的一个或多个展品相互组合的展览方式。

（4）特写展示。特写是指将展品放大或缩小,变成模型供博物馆内的公众观看,也可以将物体的局部放大成图像或模型,供公众展示。

2.基本陈列方式

（1）静态展示。静态展示是一种以静态方式展示道具的方式。一般可分为悬挂式陈列、置放式陈列和张贴陈列。悬挂展示是将展品悬浮在空中的展示方式,营造生动、轻盈的视觉感受。卷轴字画的展品和布料的种类多以这种方式表现出恰到好处的姿态和造型,彰显展品风格和用途的独特性;陈列是将展品在一个平面上(如柜台、展位等)平滑排列的一种陈列方式,这种陈列方式充分展示了物体的三维结构和形状,具有很强的体积感。张贴陈列是一种将展品展平或陈列的方式,如将平面墙面和圆柱面拼装起来陈列,这种陈列方式充分展示了物品的结构、质地、图案等,便于观众触摸和欣赏。通常,将展品的图案复制展开,打印粘贴在展板上,以对展品进行辅助说明。

（2）动态展示。动态展示旨在通过 3D 软件和投影设备,还原某些历史场景,或为观众虚拟再现某个过程,使公众更容易理解展示的内容;当然,也有现场观众参与的放映活动。

二、博物馆空间照明设计

（一）博物馆各空间照明设计

1.博物馆序厅空间照明

序厅是博物馆陈列的开首,是展示空间的延伸,也是思想性与艺术性融为一体的高度概括。序厅照明需要相对柔和、均匀的光照环境,而展示内容的"序言"是整个展示内容的浓缩。因此,要运用重点照明的方式以便于阅读。博物馆室内设计时,博物馆序厅的光照空间一定要有通透感,要明快而不昏暗。同时应设立一个过渡区,满足观众由明亮的室外转向较暗的展区时人眼视觉明暗适应的要求。

2. 博物馆展厅空间照明

展厅空间是观众参观展览与思考问题的环境空间。照明要适合不同人群,宜宁静、舒适,光线设计要柔和。在博物馆展示设计中,展厅空间适用重点照明和漫射照明相结合,并以重点定向照明为主。重点定向照明和漫射照明的光源色温应一致。照明应特别注意对展示品的保护,考虑减少紫外线、红外线等危害,同时考虑照明强度、光的质量和呈现立体感,减少眩光。

3. 博物馆展柜空间照明

博物馆展柜空间内的光源产生的热量不应滞留在展柜中。观众不应看到展柜中或展柜外光源,不应在博物馆展柜的玻璃面上产生光源的反射眩光,并应将观众或其他物体的映像减少到最低程度,这些要求应在博物馆建筑设计和博物馆展陈设计时多加考虑。

4. 博物馆场景空间照明

博物馆有时会有涉及各种类别的场景主题展示,主要是采用虚拟真实和模拟真实的方式,使观众对内容有更深的了解和体会。因而,在博物馆陈列设计中,照明的形式要突出场景的内容,应用重点照明,射灯投光,突出场景展示效果,给观众一种身临其境的感觉。

5. 博物馆多媒体演示空间照明

为了使展示的效果更生动,有些博物馆会针对不同的主题而设计声光电演示的空间。场景的光照要适度减弱,博物馆演示空间的照明要和多媒体演示相结合和互动,把观众带到一个虚拟真实的场景,常使用重点照明及瞬间照明,一般照明只是用在地面或通道上。

6.博物馆重点照明

通过高亮度、高对比、定向的光束勾勒出展品的细节和色彩,塑造展品的立体感,引起观看者的注意。重点照明在博物馆展示设计中扮演着重要的作用。博物馆重点照明可采用窄光束或者泛光,根据展品的种类、形态、大小、展示方法等而定,而且应与展厅内基本照明相平衡。

7.博物馆洗墙照明

在博物馆展厅设计时,采用泛光的均匀的灯光使展品背景以及展品或者墙面整体达到一致性的照度水平。博物馆洗墙照明强调的是大面积的区域,包括大体积的艺术区或者物品群。在博物馆展厅设计中,把洗墙照明和强调空间展示物体的重点照明有机地结合在一起,可以使展品空间达到照明平衡。

8.博物馆垂直照明

博物馆垂直照明可以为观看者提供展墙明亮的观看条件,产生空间开敞的感觉,可以在博物馆陈列设计时加以使用。垂直照明可形成均匀、非均匀或者亮度呈梯度变化的光分布,为博物馆展品形成背景光照或为大型展品提供展示光照。

9.博物馆展柜照明

展柜照明是博物馆陈列设计照明的另一种方式,它把光源隐藏在展柜内,避免玻璃上的反射眩光以及直接眩光,同时避免在玻璃上形成光幕反射。

(二)博物馆绿色 DALI 智能照明系统应用

DALI 智能照明控制系统,不仅仅是节能,更是保护光敏感文物的专业选择。

DALI 协议(Digital Addressable Lighting Interface),数字可寻址照明接口是目前世界上最先进的用于照明系统控制的开放式异步串行数字通信协议。Tracron M5,M6 专业博物馆轨道灯是世界上最先采用 DALI 智能控制技术的专业博物馆照明 LED 灯具,通过系统编程能够对

每个灯具进行唯一编址,并对其进行集中控制、单独控制、分组控制或
场景控制,实现亮度、色温、颜色等线性控制,或设置不同的情景模式、
计划任务、能耗监控、灯具的健康状态监控等。接入 DALI 系统中的灯
具不仅可以用电脑控制,还可以通过其他移动终端进行控制,如手机、
iPad 等。

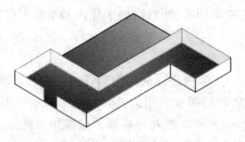

依据自然光照强度,实时光控:博物馆通道和建筑照明在
光线昏暗时可自动点亮,提高建筑安全和事故预防能力。

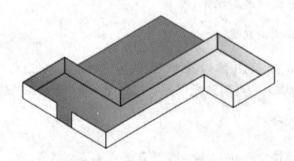

恒定照明控制:博物馆办公环境照明可根据需求单独开关
或调节亮度,最大限度利用自然光,以达到最佳办公场所
的照明目的,节能环保。

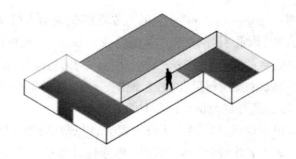

  动态感应光控：博物馆展示空间，走廊和通道照明实现人来灯亮，人走灯灭，或者可选择亮度渐变，从最小光照自动调至最大亮度。

图 4-1　绿色 DALI 智能照明系统概览图

DALI 智能照明控制系统不仅可以节省能源，更能智能地控制文物的曝光量，因此越来越广泛地被应用于博物馆照明和美术馆照明，以及对光敏感文物和艺术品的保护上。

DALI 智能照明系统特征主要体现在以下几个方面。

（1）营造四维照明场景。DALI 智能照明系统可通过系统设定来变换重点照明，环境照明配置随着时间而变化，形成比博物馆三维展示空间多了时间维度的四维照明场景。适用于博物馆珍贵展品照明，利用重点照明的特殊性吸引观众注意力。

（2）营造戏剧化的场景照明。应用场景不同，对灯光的需求也不尽相同，DALI 智能照明系统能结合设计者的实际需求，定制完美照明方案，营造戏剧化的个性场景。

（3）支持红外、声音、动感多种感应。通过各种感应探头的配合，自动控制场景照明强度，实现渐明和渐暗的视觉适应的舒适效果。

（4）DALI 智能照明系统通过合理设置，高效照明，营造创新舒适的视觉体验。无论是需要极佳照明方案的通道，还是墙面彩色照明，抑或是需要突出照明的艺术品，均可通过个性设置来满足不同场景照明需求。

三、展示标识系统设计

陈列标识系统的设计也是引导标识系统的设计。在英语中，这被称为"way finding signage system"。它的主要功能是帮助人们在空间中进行一系列的行为,因此引导标志的存在应该是系统的、连续的,并使用各种传递空间信息的元素和方法。针对展览活动的信息标识系统,根据活动空间的不同属性,规划组合图形、地图、字体、色彩等空间信息的多种传达手段,形成适合展览活动的信息系统。

博物馆标识系统设计以视觉语言为媒介,以观众的视觉体验和反应为设计目标,通过字体设计、标识设计、色彩设计等引导观众方便有效地观看展览,同时传达博物馆传承的文化。

(一)字体设计

尽管现代显示使用了各种先进的技术手段,但字体仍然发挥着重要作用,因为它更容易被大众理解和接受。在设计字体时,"可读性"是首要原则,这里所说的"可读性"涉及两点:一是各种字体信息清晰可见,二是字体信息的重要性可以迅速被大众了解。因此,在标识系统的字体设计中,要做到"简洁直观",避免使用烦琐、过于专业的词汇,让受众更容易理解;当字体不是单独出现在展厅内,而是附着在特定的展品上时,字体设计不得影响展品的展示。

1.字体选择

作为引导公众参观展览的标志字体,应尽量选择结构紧凑、简洁明了的字体,因为这种字体整体性强,节省空间,特别是安装在较高位置时,更便于大众阅读。

当然,在选择字体的时候,要考虑与其所在展厅的风格相匹配,比如展出娃娃玩具的博物馆,可以选择有趣的字体,与展厅的布置活泼相协调。选择字体时还要考虑书写位置,如果文字写在棱角分明的长方形字符上,就不要选择有很多动态的字体,这样会造成视觉上的不协调。常见字体可大致分为标准字体、装饰字体、形象化字体、书法字体。

2.字体大小

展示空间中字体大小的设置并不是随意的,字体大小的确定不仅与观众的观看距离有关,还反映了其所处标识系统的层次。当公众驻足近距离观看展示空间内的信息标识时,标识字体大小常为 15 ～ 25 毫米,一般能满足公众近距离观看；如果观众正在动态查看距离超过 5 米的标志信息，字体大小将增加到 100 ～ 150 毫米，以满足观众的动态接收。当然，距离和能见度状态并不是确定字体大小的唯一依据。字体大小的一个重要因素也是字体内容所在的徽标系统的级别。字体所在标识系统级别越高，字体内容所在字体越大；级别越低，字体越小。

3. 字体间距

字体间距也是影响字符易读性的主要因素，因此在设计深远的文字字符时，字间距过小，容易造成重叠视觉干扰，应有意识地加大字间距，确保字体在不同上下文中的易读性。

(二)色彩设计

在传达标志信息的过程中，色彩比字体和图形具有更深远的影响，色彩的强烈影响力给观众更直接、更深刻的印象，它可以使公众判断各种展示内容的区别和更准确、更快速地站位。但需要注意的是，公众对色彩的识别能力有限，红、橙、黄、绿、蓝等差异较大的色彩很容易分辨，但很难从几十种色彩中分辨出特定的红色，如深浅不一的红色。所以，在设计标志时，色彩往往与字体和图形结合使用，以帮助观众识别，如红色圆圈或橙色三角形。

1. 利用色彩进行标识分类

在一个完整的陈列企业标识系统中，色彩可以起到标识信息分类的作用，如在一些博物馆的标识信息中，红底白字代表展览的不同主题区域，黄底黑字背景代表展览活动。信息和黑底白字代表公共设施信息，用醒目的红色引导观众快速进入想看的区域，促进良好的观看秩序，这就是色彩识别分类的作用。

2. 色彩对比运用

在日常生活中参观展览和旅行时，我们经常会看到更多的黄底黑标牌。不同空间之所以喜欢用黄底黑字，是因为黄色比其他色彩更容易吸引大众注意，浅黄底黑字会提高文字的可读性。色彩对比是设计标志时要考虑的重要因素。如果将彩色文本放在浅色背景上，对比度会太低。

基本上,在浅色背景上使用安全的配色方案,如白色字符,在浅色背景上使用黑色字符。在标志设计中使用色彩时,应对图像的色彩与背景的关系进行对比分析,避免图像与背景的两种色彩对比太小,造成文字模糊。

3.色彩的文化内涵

每种色彩的含义都会受到不同文化和历史阶段的影响。在中国,红色是喜庆的色彩,而白色常被用来表示哀悼。在西方,白色则被用作婚纱的色彩,以示纯洁,这是不同文化所反映出的对色彩认知的差异。当然,色彩本身并没有负面的含义,但是在使用色彩设计标识系统时,还是要做好一些前期工作,避免因色彩的使用而造成不必要的混淆。

当然,有时在设计展览视觉识别系统的配色方案时,还需要对博物馆内部的环境配色方案进行分析,看看展览空间现有环境中是否存在原色。设计师应该围绕这组原色配色方案开发一种色彩。博物馆的现有空间对色彩的选择和开发有很大的限制性影响,如要考虑开发的色彩是否与展览空间的尺度一致、是否不干扰环境中的建筑材料等,所使用的配色方案必须与展示空间的环境相一致,这样才能体现展示企业形象的设计意义。

(三)图形设计

图形设计是指利用图形创意来传达信息的设计手法。这种设计方法旨在巧妙地将图形中要传达的信息融入其中,强调图形的延伸和延展意义。在识别和共享意义方面,图形比文本信息更直接、更快捷。在满足"即时"识别信息的要求上,图形比文字更明显,可以唤起与观众的联系,提供比单独的文字叙述更多的信息。

博物馆内部,直观的图形很容易吸引公众的注意力。作为符号的图形,从形态特征上可以分为具体的和抽象的两种。

具体图形具有很强的识别性,更容易让公众产生恰当的认知,促进信息传递的准确性和完整性。在具象图形的结构处理上,写实具象图形强调描写对象的客观形态和外貌,适用于表现旨在迅速有效地为观众所认识的效果。夸张变形的具象图形通常采用夸张、简化等变形的手法来表达客观事物的基本特征和规律,这种图形容易引起大众的探索兴趣,在当下很容易得到预期的效果。

理性抽象艺术由点、线、面等严谨有序的基本元素构成,具有冷静、理性、规律、统一的情感特征。抽象的感性图形由各种自由曲线组成,具有感性、情绪化、随意性、生动性和多样性等情感特征。

(四)名称代码设计

在大型复杂的展览空间中,设计师必须仔细思考如何命名不同的区域。出色的名称代码设计可以帮助观众辨别展区方向,从而尽快到达目标区域。

1. 体现层次

名称代码的布局应体现出层次分明的特点,因为参观展览的观众就像在城市里走来走去,首先要知道是什么街道,然后再知道是什么门牌号。因此,在展览空间布置名称代码时,需要事先在系统层面将需要名称的区域分离出来,然后按照一定的规则进行命名。

2. 易于记忆

参观展览时,快速记住所要找的区域名称尤为重要,记住区域名称不仅关系到观众的记忆能力,还与区域名称的特点有关。完全用阿拉伯数字排列的展区名称,不如在阿拉伯数字中加上英文字母那么好记,因此合理安排名称代号,可以让观众快速到达展览目的地。

虽然视觉标志的展示方式有很多种,但在实际设计过程中往往采用多种方式的组合来加深公众印象,达到引导观众有效观看展览的目的。

第四节　博物馆空间展示设计实例

与其他类型的展览空间相比,博物馆展览空间在规模和构成上更为复杂。博物馆无论大小,基本上都由展览空间、藏品存储空间、技术、办公空间和礼堂组成。

　　合理的博物馆展览空间设计：首先，必须具有松散流畅的布局。博物馆陈列空间的设计主要体现在表面功能的合理布局上，井然有序的观光路线让参观者在舒适惬意的状态下品鉴展品。其次，注重环境氛围的营造。博物馆的大部分陈列都安置在一个比较固定的展厅内，整个环境给人一种干净舒适的感觉。馆内展出的展品很多都是艺术品，具有很强的装饰功能和艺术气息。它们不仅是空间的主体，也是空间的背景。浓厚的文化氛围和静谧的空间正是博物馆所需要的环境氛围。再次，照明设计应柔和自然。博物馆展览空间内的大部分展品都是珍贵的艺术作品和文化古迹。因此，对照明有非常严格的要求。为避免光线对展品造成损害，大多数展馆都提供柔和自然的照明配置。最后，空间的处理要风格统一。博物馆的展览空间应根据展览的各种主题和内容来设定整体风格基调。有时对于同一个主题的展示设计，由于展示元素的不同、子空间类型的不同等，会采用不同的设计素材来打造不同的设计风格。但也要充分考虑它们之间的关系，以及一些设计元素的统一与协调。下面分析几个博物馆案例以供参考。

一、荷兰军事博物馆

　　2011 年 1 月，Soesterberg 的荷兰国家军事博物馆邀请 Heijmans PPP 设计联盟重新制定了包括景观、建筑和室内设计在内的总体规划。作为联盟成员，总部位于阿姆斯特丹的展览建筑公司 Kossmann.dejong 负责规划设计博物馆的内部展览空间。

　　Kossmann 创始人兼创意总监 Markde Jong 表示，设计（Design）无疑提升了博物馆的使用质量，这也值得其他博物馆项目借鉴。

　　（1）设计理念。博物馆拥有 20000 平方米的展览空间，建筑师将这个巨大的内部空间分成了截然不同的两个部分：一楼的大型露天展厅清晰通风，摆放着博物馆的大部分展品；二楼闭馆传统展厅由一系列主题各异的小房间组成，以生动的方式向游客展示科普知识。一楼展厅犹如一座巨型军工厂，按时间顺序发展，涵盖了从几千年前到现在的各种军事科技成果。考虑到人与展品的尺度比较，飞机、坦克等大型展品悬挂在 13 米高的天花板上，而其他较小的展品，如飞机发动机则陈列在狭小的空间内，让参观者近距离观看和体验。

二楼小房间内的主题展厅结合了比例模型、全景视频、动画、语音导览和戏剧性灯光效果等互动方式,为枯燥的学习过程增添趣味。游人在玩乐的同时,不仅了解了水对于国家国防体系的重要性,军队的过去、现在和未来以及军队在荷兰社会中的地位,还了解了很多单位的困境。

二楼的展厅结合了多种互动方式,分别是荷兰展厅、国库展厅和士兵展厅。

(2)独特的曝光方式。近3000件大小不一、材质各异的展品展出,讲述着不同的文化故事,是一座极具社会意义和价值的博物馆。马克·德容说:"一个优秀的展览空间可以将大量的展品和信息有序地组织起来,使平面和空间序列清晰流畅。尽管这个项目规模庞大、内容复杂,但我们还是收到了一份满意的答卷"。

这个项目最大的挑战是如何将大量的展品生动地展示出来。除了大量使用声光等多媒体设备外,还在展馆西南侧的空中组织了一场"空战"。五名斗士首尾相接,在空中划出一道弧线,仿佛凝成一团,冲向了战场。分散的展品有机地组织在一起,同时反映了建筑内部的空间关系,变成了一个自然而富有创意的动态展示过程。

(3)丰富的内容层次。为了向普通参观者提供清晰直接的信息,同时让想了解更多的参观者获得更专业的内容和细节,建筑师设计了多个层次的展览,既为普通家庭提供,也为参观者提供服务。普通人或军迷,每个人都会为自己找到一些东西。爱好者可以随时从交互界面获得更详细的信息,孩子们也可以通过交互设备模拟驾驶F16,领略轰炸的感觉。马克·德容说:"国家军事博物馆的内容极其丰富,一日之内不可能参观完。但是,在参观过程中,每个人都可以学到自己想学的东西,扩展自己的知识库。最重要的是,无论游客年龄多大,参观新的国家军事博物馆一定会因为其高品质的建筑、优美的景观环境和丰富的娱乐活动而难以忘怀。"适合各个年龄段军迷的博物馆有星球大战、全景电影室和未来馆。

二、蒙特利尔自然科学博物馆再设计

2014年,为庆祝蒙特利尔建市375周年,生物馆自然科学博物馆从1976年的奥林匹克赛车场改建而成文化建筑,它旨在提升游客体验,让博物馆重现昔日的辉煌。KANVA与NEUF Architects的合作之所以被选为竞赛的获胜者,是因为 KANVA 与 NEUF Architects 合作提交的提案使用了大量的创新技术,使博物馆在完成教育公众的使命的同时让人们反思人与自然的关系。Biodome 位于蒙特利尔奥林匹克公园东侧,是致力于自然科学普及的 Space for Life 系列博物馆综合体的一部分,包括昆虫馆、植物园和天文馆。作为加拿大首屈一指的博物馆综合体,它每年接待超过 170 万游客,包括散游客、教育营地和学校团体。

生态馆以最简洁、最完整的方式向人们展示了美洲的四大生态系统:热带雨林、加拿大东南部的枫林、圣路易斯、4500 种动物和 500 种植物。

博物馆全新的设计理念让参观者以身临其境的方式获得更多的个人体验和记忆,潜移默化地教育和唤醒参观者在游览过程中对人与自然关系的关注。同时,在对公共空间和生态系统附加展区进行重新布局、打造同层空间布局后,建筑师腾出了大厅空间,创造了一个挑高、开放的中庭,从中可以直接看屋顶。此外,建筑师在次极地生态系统的暴露区域增加夹层,最大限度地发挥建筑的高度优势,让游客可以近距离观察建筑独特的屋顶结构,为游客和员工提供更多的有利位置,从不同的角度体验空间。夹层连接两个不同的生态展区,丰富了游客的游览路线,也为游客在此次教育之旅中提供了一个全新的休憩空间。

活化空间的整体策略简单而有效,连续的弧形墙像贝壳一样包裹起来,突出了不同生态系统所在的空间。流动的墙壁连接地板和天花板,仿佛反映了建筑充满活力的过去,引导人们穿过无数的路径和十字路口。纯净简洁的白色外壳与粗糙的混凝土建筑形成鲜明的对比,也成为建筑与自然之间中性而大胆的过渡媒介,将室内生态展示区与室外环境分隔开来,让身处其中的人能够沉浸其中并更好地理解它们所在的位置。这面墙在引导参观者的同时也创造了一个过渡空间,让参观者在进入一个一个全方位刺激感官的生态系统展区之间进行反思和追忆。

由织物制成的外壳可以根据需要弯曲和改变形状,保持现有结构的重要部分和脆弱的生态系统完好无损。材料的灵活性允许在每个展示区域包含剩余或非常规空间,同时能够吸引访问者的注意力并增强用户体验。

建筑师提出的综合性、跨学科的设计策略将最大限度地发挥连接人与生物多样性的功能和效果,同时保护现有的文化遗产建筑。

三、中国国家博物馆

中国国家博物馆是世界上建筑面积最大的博物馆,总建筑面积近20万平方米,建筑高度42.5米,5座以上——一楼和地下两层。建筑由两轴两区组成,两轴为:西门至东门的东西轴和南北向的南北轴,两个区域分别为:北面暴露和南面分隔通过中轴线上的中央大厅。西门面向天安门广场,与人民大会堂相对,北门面向长安街。南北走向的艺术长廊长260米,高28米,顶部有368个中国传统建筑风格的藻井,具有独特的装饰、采光和通风功能。现有展厅48个,面积最大的2000平方米,最小的近800平方米。还有近800个座位的剧院、近300个座位的学术礼堂、600平方米的工作室、2800平方米的图书馆、大型公共休闲区和地下600停车位。

中国国家博物馆主展分为古代中国展和重生之路两部分;专题展包括中国古代青铜器艺术、明清中国家具珍品、中国古代佛像艺术、明清扇子艺术收藏展、中国古代钱币、古代古典绘画收藏、中国古代瓷器艺术展、百年简史中国国家博物馆展及成果展、党和国家领导人因外交活动收到的礼品展。

作为中国国家博物馆的核心展品之一,"古代中国展"共设10个展厅,以珍贵文物为主要见证,系统呈现中国从古到今的漫长历史进程。清朝末年,充分展现了文明的特点和各族人民共同创造多民族国家的历史过程,展现了中国人民在政治、经济、文化等方面取得的巨大成就,以及他们对人类文明的巨大贡献。展览继承了原中国历史总展的诸多优点,吸收了近年来最新的科学研究成果,并听取了国内多位著名专家的意见和建议。最终选出2520件展品,其中一级藏品521件,以"远古时期""夏商西周时期""春秋战国时期""秦汉时期""三国两晋南北朝时期""隋唐五代时期""辽宋夏金元时期""明清时期"等8个部分展现辉煌灿烂的中华文明。

"复兴之路"位于北馆二楼展厅。回顾1840年鸦片战争以来,深陷半殖民地半封建社会深渊的中国各阶层人民,为实现民族复兴而屈辱苦难的种种求索。中国共产党带领全国各族人民争取民族独立、人民解放、国家富强、人民幸福的光辉历程,充分展示了历史和民族如何选择了马克思主义,选择了中国共产党,选择了社会主义道路,选择了改革开放,也说明了历史和人民为什么要始终高举中国特色社会主义伟大旗帜,坚定不移走中国特色社会主义道路,坚定不移坚持中国特色社会主义理论体系。

第五章
会展空间展示设计

　　会展空间展示设计是指在会展空间（如展览馆、展会中心等）中设计展示区域，用于展示物品、信息或展示某种观念或理念。这种设计通常用于各种展览活动，包括产品展、艺术展、文化展等。会展空间展示设计通常采用多种手段，如视觉效果、色彩、灯光、声音等，以吸引参观者的注意力。本章将对会展空间展示设计展开论述。

第一节　会展展示设计基础

一、会展展示设计的释义

会展，英文 C&E（Convention and Exposition），是指在一定地域范围内，围绕一定主题，定期或不定期、制度性或非制度性地开展的有效聚会和交流活动。现代展览设计的概念诞生于 20 世纪末，但展览的诞生和应用更早，展览设计随着历史的进程而逐渐发展。展览设计必须围绕展览活动的主题、目标和内容，在视觉传达设计（简称 VD）、空间环境设计（简称 ED）、工业设计（简称 PD）等手段之间建立人为关系，是人与人之间、人与物之间、人与社会之间相互交流的时空环境。

展览设计是集美学、艺术史、社会学、行为科学、CIS 设计、广告学、公共关系学、设计方法论、色彩学、人体工程学、材料学、电子学等为一体的非常综合的专业学科。它结合了工程学、光学、心理学和现代信息技术，充分应用最新的现代科技，是艺术与科学相结合的产物。

现代展览设计是四维空间的设计，是时间与三维空间的结合，强调观众与展览的互动。人们在场馆内行走时，可以通过人的视觉、触觉、嗅觉、听觉等不同的感觉器官，从不同的角度进行观察、体验、感受和参与，以不同的方式接收多样化的信息。因此，展览策划不是静态的空间规划，而是动态的空间规划。

二、会展设计的意义

展览会的目的是在一定的环境区域内为客户和消费者营造一种有吸引力的营销和展示氛围。展示广告设计主要着眼于展示艺术活动和商业。展示广告强调新奇、标新立异，为了在屏幕上展现企业品牌的优良特性和个性，需要在具有强烈吸引力的情况下，营造出与展示内容相一致、准确传达信息的外在形式。不同的展示内容主题也应该有不同的展示风格要求。一般政治展览的作风必须庄严、热烈、严肃、大方,而艺术展览和展示应该是抒情和生动的。

博物馆的一切陈列都要力求表现民族精神和地方特色。商业展销会或陈列柜要突出商业特色,产品要琳琅满目,体现活跃的市场氛围和经济特点。

重大的世博会是促进国家和城市间交流和经济发展的绝佳场所,参展国往往不遗余力地投入大量的财力、物力和人力,借机向世界展示自己的综合传统。文化和经济实力塑造了良好的国际形象。一个国际性的大型展览首先要突出民族的文化和地域特色。在办展特色上,要坚持科学性、民族性、娱乐性等重点。展览的目的是展示人类社会在政治、经济、文化等领域的成就。"科学技术是最重要的生产力"。正是科学的发展,给人们的生活带来了重大的变化,推动了人类社会的逐步发展。

展览还应突出民族或地域特色,向公众传达各民族的文化和地域特点,达到文化交流、相互提高的目的。为了吸引参观者驻足参观,使观众能够以最快的速度、最短的时间理解和接受所展示的内容,以观众愿意接受的形式表现出来,这就要求展览具有趣味性、娱乐性和装饰性。

三、会展设计的价值

（一）经济价值

参加各类展销会活动是制造商进行市场调研、产品开发和推广以及市场竞争的重要手段和方式,通过这些活动可以获取产品信息和市场行情,并将其用于产品营销和市场拓展,事半功倍。因此,每个制造商都花费大量精力参加各种展览会、展销会、交易会、贸易会等。各种商场、超市、专卖店、网络和电视购物也是现代展览活动的主要特征。"会展产业化"将成为 21 世纪会展文化的发展方向。一些城市和地区在投资上投入了大量资金。除了某些信息交流的目的外,它们还可以促进当地的各种建筑和旅游业的兴起,各种投资也带动了当地经济的发展。

（二）发展旅游、弘扬文化的价值

随着社会经济水平的不断提高,人们对外旅游的需求越来越大,区域经济的完善和多元化带动了地方文化的快速发展,地方经济发展成为一种趋势。

人们对不同文化的渴望和对特殊商品的消费欲望,促成了世界各地旅游经济和旅游文化的大发展。各类民俗风格的博物馆、地方文化展览馆和展示地方特产的展览已成为现代社会的重要组成部分。

（三）教育价值

教育功能是展览的基本功能之一。由于展览的开放性、真实性和直观性,易于被大众识别、理解和产生共鸣,因此展览可以有效补充学校教育的不足。各类展览馆、陈列馆、纪念馆、美术馆、现代科技馆等已成为全社会的文化教育中心,让公众更多地了解真正"眼见为实"的感受,以提高自身素质。

（四）加速社会发展的价值

在当今社会,需要建立人、组织和公众之间相互理解和合作的沟通渠道,接收、及时接收反馈并共同处理问题,这需要行业标准的沟通渠道、技术和解决方案。设计展示活动是一种有效的传播手段和宣传手段,代表着国家、地区、部门、组织、公司和个人的形象。

演示活动依靠实物、图表、道具、视听资料和现场演示,比文字宣传和口头说教更具有说服力。实物精美的外观、动人的音乐、动感的画面与独特的造型艺术、空间艺术相结合,营造出引人入胜的展示效果,可以营造出现代社会的完整画卷,是推动现代社会发展的润滑剂。

四、会展设计的艺术风格与流派

（一）会展设计的艺术风格

1. 展示建筑化风格

这种风格体现在展览空间的总体感觉上。它将展台的设计结合成具有特定几何形状和体积的实体,以其充满视觉冲击力的不寻常的尺度和个性的形状和颜色,从众多展览的信息代码中脱颖而出。其结构采用特殊形式,材料为轻钢骨架或格构架与复合板组合而成,色彩简洁明快,具有很高的美感和强烈的视觉感染力。这种风格经常出现在大型博览会、展览、交易会等。辛德勒建筑事务所设计的"梅赛德斯—奔驰公司展厅"由一个可步行的雕塑和各种展示地板组成,展厅表面采用竹子状的木质表面,散发出温暖的质感。限制进入的盒子建筑由铝板建造,传达了一个精确的想法。典雅的黑色地毯几乎覆盖了整个楼层,厚实、严谨、优雅的地毯与铝板共同营造出"磁力空间",彰显出独特的设计风格。

2. 道具虚无化风格

道具主要用于分隔空间、支撑展品、保护展品、引导客流等。随着科学技术的飞速发展,新材料、新工艺、新媒体、新技术层出不穷,展览道具的设计也有了新的发展,创造了一种"视觉虚无"的风格。

Bisazza 玻璃马赛克公司在博洛尼亚国际建筑陶瓷和卫生陶瓷展览会上的展示空间,由费比欧·诺埃姆勃设计,中心区域有一个由两块弧形墙组成的装置,这种充满创意的心形为室内增添了趣味和视觉效果。为了达到透视、重叠和呼应的效果,在各自的墙壁上开了几个心形的开口。展示空间完全采用公司自有产品搭建,以白色玻璃水泥板作为背景墙和地面装饰,心形装置贴有 20 毫米 × 20 毫米玻璃马赛克瓷砖,内表面为纯红色和砂金色,外表面呈粉红色。

3. 道具国际化风格

规范化、规范化的轻型铝展架和复合板构成空间、展示墙、展位、展架等,常用的展架有 K8 系列、三通插接式和球接式货架系统等。标准摊位为 3×3 平方米、3×4 平方米、3×5 平方米、6×6 平方米等规格,其高度在 3.5 ~ 4 米之间。这是典型的现代主义国际通用风格,具有陈列布置方便、组装存放方便、储运方便等优点。一般情况下,展览公司采取租赁经营和运营方式。缺点是形式单一,展览风格没有什么特别之处,要营造出参展商独特的视觉个性,在平面设计和多媒体技术上下功夫就足够了。

4.展示形象的统一性风格

各品牌专卖店及专柜形象是 CIS 统一企业形象设计的营销展示应用。参展商在国际展览会和区域展览会上的展位形象也是独联体战略形象的一部分。因此,统一的公司形象图形、字体、颜色等元素,配合专门设计的场地道具或装饰,营造出统一、系统的风格,富有独特的个性,是不落俗套的风格。

5.空间构成的回归式风格

其风格特征包括将优秀的、人文的、古典的符号或文化遗产材料引入展示环境,体现"天人合一"理念,或实施仿生设计,体现后现代主义理念。沃纳·索贝克为国际零售交易会上的 Mero 展台设计的灵感来自鹦鹉螺壳的形状,对应于同比例的对数螺线,复杂性和适应性强。设计的主要元素是三维拱,拱墙的支撑结构由几根独立的细杆组成,然后用螺丝钉在许多标准单元上。在整个系统中,节点上的固定单元和不同长度的薄单元的开放方案可以适应不同的几何形状,并且非常经济。弧形墙的两侧覆盖着一层塑料薄膜,通过真空装置固定,表面的褶皱在光线的照射下呈现出一种特殊的质感效果。墙面的通透性让对面的人和物的影子都能被看到,让展厅就像一个投影幕,可以投射出各种图形,让一堵简单的墙成为变幻莫测的一排。

6.空间构成的高技术风格

由工业技术与材料、建筑技术与材料、高科技与媒体等组成的空间艺术,体现了高科技形式的美感,如法国巴黎的蓬皮杜艺术中心和澳大利亚的悉尼歌剧院。

7.展示陈列的生活化风格

主题展示用于通过特定场景连接不同的展品。如"夏令营"橱窗展示,可同时展示相关童装、鞋帽、文具、渔具等。博物馆、纪念馆等环境中的"全景展厅"形式,可以模拟再现特定战争场面或特定时期的生产生活场景。

8.陈列形式的美学化风格

重复与渐变、对称与均衡、调和与对比、比例与韵律等要素是创造美丽视觉形态的原则和基础。陈列与曝光的广泛运用,是塑造秩序美,处理好对比与统一关系,营造符合人体生理、心理尺度要求和信息传播、沟通和交流效果的空间的基本方法。沟通,也是现代主义设计的主要风格。

9.陈列形式的戏剧化风格

其风格注重展示效果的形式美和表现方式上的形象美。利用拟人化、情感化、叙事化、特写等表现形式,营造特定主题的戏剧性艺术效果,增强展示的感染力。在商业展示活动中,主要体现在服装展示上;在博物馆、纪念馆、民俗展览、科技馆等展览活动中,主要体现在全景照片组合展示中;在旅游环境中,最常见的是古代的表现形式、各种民族风土人情的制作、生活场景的再现等。

(二)会展设计的流派

1.展示设计的装置派

装置派提倡将显示信息中包含的实物、布局、图表、模型、图像等元素在不同的设备上进行展示,设备设计的形式和功能可以根据观看者的需要而变化。该派提出引入具有搜索或显示模拟装置等功能的信息和通信系统,实现观众可以用皮肤触摸、听到和品尝的"在场"显示效果。如日本的"新潟县立自然历史博物馆",采用所谓"包制"的陈列形式,就是装置派的代表作。"包裹系统"的设计着重于如何将展示内容、展示元素、媒体设备等设备形成一个综合体,并将它们有机地结合成一个整体的设计系统。

2.展示设计的空间派系

空间派系认为,所呈现的一切传播、传播、交流活动,都是以占领外层空间某地为生存条件。展览活动的本质是在空间中展示人类生活方式的社会文化形态,其目的是决定人与环境的相互作用。他们的设计方法是在展览空间中以特定主题重现紧张的环境,可以采用沙盘、模型、蜡像、真实舞台、声音、图片、光、电等技术手段进行模拟。

巴塞罗那的梅赛德斯－奔驰展览空间,由考夫曼·泰力西和他的同事以及弗莱建筑师事务所共同设计,主要来源于剧院空间的序列,即从剧院门厅开始,到剧院房间结束。按照开放空间的概念,不是传统的用墙和门划分一个碎片空间的方法,而是呈现给观者一个完整的开放空间。实现这种空间效果的主要元素是空中钢丝网的构造,钢丝的直径为3毫米,这种艺术装饰由钢丝网在上下两根自由弯曲的钢管之间拉伸而成。钢丝网被拉伸成螺旋状的雕塑形态,其在空气中不同程度的扭曲盘绕重叠出不同密度和透气性的形状,自然地将展厅和主展厅一分为二。大堂灯光略微调暗,强调钢网的视觉感。随着丝网在空中蜿蜒的密度发生变化,它的界面也会发生变化:它可以展开或折叠,截面就像一个随意放置的三维实体。展厅内七彩射灯的照明灯具,主要突出空中钢网装饰界面的轮廓。这一概念的表达使设计师的想法具体化为一个具体的实体,展厅内的所有其他建筑元素都被视为展品的背景,这就是汽车。灯光的巧妙运用,在空间中营造出多种多样的视觉张力,营造出生动的效果。

3. 展示设计的戏剧派系

戏剧派系认为展示空间就像剧院和竞技场中视觉力量的"场"。表演"设备"和"软件"足以让观众如看戏般感动,如看足球赛般激动。因此,在展示设计中,应注意融入新的、前沿的科学技术和技术发展,如计算机多媒体技术、机器人技术、激光建模技术、3D 成像技术和现场演示等技术和方法。由艺术家艾伦·帕金森设计的发光建筑 Ixilum,游客可以在其上行走,并可以体验光带来光和色彩的各种乐趣。它启发于纯粹的几何和自然,结合一群富有创新精神的建筑师的努力和帕金森几十年的努力,取得了成功,带来了非凡的成果。雕塑主体材质为 PVC,由若干个可灵活调节的单元组成,可高速充气,充气后可定位于树木、灯笼、雕塑等物体周围。雕塑体内设有许多扁平的豆荚状游乐设施,供观众坐卧休息,让观众充分沉浸在各种迷离的光影所营造的奇异氛围中。设计方案非常人性化,密封通道过渡部分和充气体方便任何人进出。

4.展示设计的环境派系

环境派系是"游乐园系列"展览,是旅游开发与环境规划在展览设计领域的延伸。设置特定的展览主题,按照信息化、主题化的原则,安排空间规划、观赏场所布局组织、娱乐设施布置、交通运输、销售等服务项目,形成新型复合型休闲场所时间展览现场,如"迪斯尼乐园""世界之窗""世界公园""民俗村""影视城""齐文化城""西游记宫"等。环境派系的展示风格具有三个共同的基本要素,即:文化性主题的设定;以环境为媒介展示空间的扩张;展示主题的模拟、参与和体验等。

五、我国会展设计的新趋势

作为中国新兴的服务业,会展业的迅速崛起令世界刮目相看,发展潜力巨大。目前,我国会展业从业人员已超过200万人。中外展览公司的合作是多层次、多方位的。美国、德国、英国等展览业发达国家的一些知名企业正在与中国寻找合作项目,或合作设立公司或合作举办各种形式的展览。

展览业的快速发展必然带动展览设计行业的快速发展,中外会展业的合作使中国展览设计呈现出以下新趋势。

(1)在展览规划的总体格局上力求大空间、长空间布局,打破以往的封闭套路,根据实际需要灵活安排展品。

(2)展览陈列高度打破统一高度。

(3)大量引进声、光、电、数码影像等前沿技术。

(4)巧妙地运用色彩和灯光来调整视觉效果。

(5)在设计上更加注重生活和场景。

我国展览设计行业虽然随着展览业的发展而快速推进,但在发展过程中也出现了一些问题,需要政府和展览设计经营者引起重视。

(1)"小、散、乱"现象较为突出,大型、高端展会品牌缺位。会展业是一个规模经济非常明显的行业,即当一个展览会达到一定的规模时,其收入的增长远大于展览会生产要素的投入量。该行业必须特别注意打造品牌知名度,打造更多具有规模效应和国际影响力的优质产品,如广交会、科博会等。

在我国,展览会和展览公司的数量是国际展会实力的许多倍甚至十倍,但整个展会的产值却比其他展会低几分之一。我们不能简单地比较它们,但是从这个数据至少可以看到,我国这部分会展业的差距还比较大。我们的参展商很多,大大小小的展很多,但是很多都是 10000 平方米以下的中小型展。展览的影响力是有的,但是过度的竞争导致很多企业和机构把大部分资金和精力都花在了展会和参展商的推广上,而没有时间去考虑专业展会观众的组织、参展商服务和展会策划。这导致我国目前的展会呈现出只求数量、忽视质量的现象。

（2）展馆建设是参展商和搭建商发展后并行进行的,运营商的素质有待提高。目前,展览空间的建设正处于高峰期。根据相关机构提供的信息,我国展厅面积即将突破 170 万平方米。其发展规模和速度已经超过了很多大型展会国家,但布局和结构还不够合理,存在低水平乱建现象。一些地方会展场所的建设没有认真考虑市场需求,更多地反映了地方政府的意愿,而不是市场行为,以满足会展业自身发展的需要。这也反映了目前我国对会展业发展认识的误区,即只要有大型展览场馆,就可以举办高质量的展览,发展地方会展经济,等等。可以指导发展,场地本身只是条件之一,并不能自动创造市场。实践证明,展馆结构布局不合理,建设过多、过快,必然造成空间闲置和社会资源浪费。

（3）市场化、产业化进程发展不足,相应的行业管理不够规范。从产业角度看,会展业是近年来发展迅速的新兴产业。过去,许多大型展览都是政府发起的,太多的会议和展览是以政府的名义举办的,尤其是政府策划、组织的大型会议、展览。会展产业化进程和市场化程度不够,不能适应我国经济社会快速发展的需要。

六、会展设计师

（一）会展设计人员的基本素质

设计师应具备的基本素质、基本技能、基本理论是创意设计的基本要求。基本素质主要是指毅力和动力,毅力是对项目的责任感和坚韧不拔的设计意志的体现。动力是推动会展业未来发展的力量,是专业精神的体现。技能是胜任会展行业的主观要求,是指接受和综合新思维的能力,改进和探索的能力,群体智慧和项目管理的能力,以及解决专业展览技能设计的实践。基础理论是指当代设计的基础理论和相关学科的基础知识,涉及现代设计的方法论和现代设计学科的专业基础理论。

1. 职业道德和意识

(1)展览设计师的职业道德

由于展览设计行业才刚刚起步,很多相关制度还不完善。在此背景下,国内会展业出现了不正之风。例如,为了在激烈的竞争中站稳脚跟,一些设计师不顾设计特点,采取概念化的方式来"组织"设计;忽视景观设计的科学内涵;或为某些业主引进优质的新材料以获得更高的薪水,而一些设计师则以大量华而不实的设计图纸误导业主,而不管施工能否实现。这些不正之风将严重影响国内会展业的健康发展。这就需要我们重视展览设计师的职业道德。展览设计师的职业道德包括以下几个方面。

①热爱会展行业,具有高度的敬业精神和责任感。展览设计师应是热爱展览事业,具有敏锐的观察力和市场获取能力,不断补充和升华自身专业素养和相关领域知识,具有强烈责任感的从业者。

②坚持严谨求实的工作作风,超脱现实。展览设计师良好的职业道德,将决定设施和展台的质量,以及城市的美好形象,引导群众的文化艺术品位,甚至影响整个行业的发展。

③勇于创新。要成为一名优秀的展览设计师,必须要有创新精神。"创新"并不是在原有的原则上进行改进,而是要有独特的设计理念,否则设计作品就会出现"似曾相识"。

(2)会展设计师的职业意识

除了应有的职业道德,陈列设计师还应具备一定的职业意识。职业意识包括以下几个方面。

①诚信意识。要有诚信意识,这就是为什么知名品牌可以作为无形资产和产权交易。

②团队意识。个人与团队、团队与社会是统一的,但有时又是矛盾对立的,因此必须处理好个人、团队与社会的关系。企业是一个独立的社会管理团队,是我们全体员工的利益共同体,需要我们大家去维护和创造,同时给大家带来经济效益和精神生活。积极做好团队工作,及时提出有利于公司发展的合理化建议,关心爱护同事,做好团队合作工作,发展高效健康的部门,同事之间合作竞争,个人、团体、社会共同进步。

③客户意识。客户是采购的接受者、选择者和决策者,客户是企业的父母,对待客户的态度基本上就是对待自己工作的态度,决定了自己的未来。

④学习意识。社会发展突飞猛进,新知识不断涌现。要想有所成就,必须要有良好的学习态度和意识,不断充电、吸氧、与时俱进,才能跟上时代的步伐,取得职业上的成功。

⑤自律意识。分清专业和业余的区别,在专业的角色中克制自己的喜好,克服自己的弱点,约束自己的行为。

2. 基础文化修养和相关学科知识

展览设计是一门多方面、跨学科的综合性学科,设计师除了系统地学习展览外,还应具备绘画、材料、礼仪、传播、心理学、公共关系等方面的知识,拓宽设计思维。良好的知识结构可以为展览设计的思考提供丰富的食粮。

在这个过程中,展览设计师必须保持对职业的热情和积极的工作态度,紧跟行业的最新趋势和相关事件,使自己的知识和经验体系与时俱进。

(1)基础文化修养

展览设计师应具备室内设计或环境艺术方面的知识。为承担项目工作,需要具备特定的语言和计算机技能,这有利于拓宽从业者的视野;具有良好的语言表达能力,善于与客户沟通,深入了解客户需求;了解行业和设计行业的发展历史和现状,广泛的文化知识,对色调和音乐的欣赏,对提高设计水平很有帮助。

善于寻找展览的切入点,具有深厚的设计观和较高的艺术鉴赏力,关注国际展览的动态,以及其他设计文化的艺术流派和文体趋势。具有广泛的文化知识,善于从各种艺术中汲取创作灵感,掌握创意思维方法,创造出感性新颖的设计方案。相关机构和企业的产品信息往往很多,如何处理这些信息,准确捕捉展会要点,需要深入企业灵魂,排除干扰表面因素,根据目标对象击中要点。这些不仅是专业设计的问题,更是对展览设计师的基本要求。

(2)相关学科知识

①熟悉展览的基本流程,能够完成项目,了解设计和施工的基本方法。懂制图(工程制图、机械制图),能绘制符合国家标准的设计、施工

图。懂透视,能画内透视的骨架线图,能调整透视;能看懂各种土木工程施工图,此外还有施工图、给排水(上下水)技术图、供暖工程图、通风工程图、电气照明图、消防工程等,也看得懂。

②了解展览设计所用材料,熟悉各种建材、建筑装饰材料的性能、特性、尺寸规格、色彩、装饰效果及价格等,能够正确选择和搭配材料。

③精通各种操作系统和展览设计软件,包括 AutoCAD、Photoshop、3Dmax、CorelDraw、Illustrator 等基础软件,会运用计算机技术辅助和提升设计。

④具有园艺、盆景、插花艺术知识和修养,了解树木、花卉等绿化品种的特性和作用。

对电光源、光源产品和照明技术有深入的了解。这样有利于做好展览照明的设计工作。

还需要知道在展览设计中要表达什么、如何表达、以什么风格表达,而这一切都必须完全符合创意概念的要求。准确捕捉创意概念是设计展览的基础。设计师不能只看到展台、道具、音乐、灯光等形式上的东西,更需要磨练自己,第一时间捕捉到"展览的本质",对展览中的感知行为和背景元素进行深入全面的分析,对现实生活有敏锐的分析判断。

此外,展览设计人员还应深入了解物理动力学、化学生物学和环境科学,紧跟新的发展趋势。学习社会学以了解人际关系、生活方式以及人们和阶级的需求,这对一个好的项目很有帮助。

展览设计是组织和企业信息的传播,是针对市场和接受者的,没有对企业(展品)和市场的透彻了解是不可能实现这一目标的。设计师要分析复杂且不断变化的展览市场:包括展品和市场的实际开发水平,展品到达公众心灵的形式和方式;公司历史、生产状况、销售状况、工艺设施、竞争分析等。只有这样,才能为展览的设计打下实践基础。

3.心理学知识

(1)客户心理学

展览设计师还应该是心理分析师,具有与客户谈判和沟通的能力,需要对客户心理有一定的了解。

在进行设计之前,展示设计师根据需要与客户进行沟通和联系非常重要。陈列设计师首先要说明客户的需求,说明整个陈列要达到的效果,了解公司和品牌的经营理念和文化背景,然后怀揣目标做出最合适的设计。在设计过程中,再次及时与业主沟通,不断调整项目方案,排除不合理因素,从细节上为业主着想,充分体现设计意图。后期设计阶段,与客户沟通,最终协调细化项目方案。它要求陈列设计师掌握一定的与顾客沟通的心理知识、一些进行谈话的经验和沟通技巧,以更好地理解顾客的意图并表达自己的创意。

（2）色彩心理学

现代科学揭示,人对颜色的感知是一个复杂而微妙的心理、生理、化学和物理过程。当颜色进入眼睛时,它们会对人类产生各种情绪和心理影响。例如,它唤起温暖、寒冷、严酷、坚硬和情感强度的感觉,在心理上唤起欢乐和忧郁、兴奋和平静的感受。陈列设计师在设计时,必须考虑到不同的颜色能唤起人们的不同感受,以及适合陈列不同产品的深浅不同的颜色。

（二）对会展设计人员创新能力的要求

创新能力是对展示设计师更高层次的要求,意味着不仅要能做到,而且要做得更好。创新也是一个需要多年磨炼的过程,是更高层次的展览设计与创作。美国教育家戴维斯和雷姆总结如下:"有创造力的人的特点是自信、独立、冒险、活力、热情、勇气、好奇心、乐趣、幽默、想象力和反应能力。他们在素质上优于一般人。他们有艺术和审美兴趣,被复杂和神奇所吸引。"

创新思维的特点:

（1）能够举一反三,将同一个问题与其他类似问题的同一性联系起来。

（2）不墨守成规,敢于打破自己的思维模式。

（3）把解决问题看成一种快乐的过程,追求解决问题是快乐的源泉。

（4）标新立异,新意总是诱人。

（5）丰富的想象力,各种因素的组合和寻找其可能性。

（6）从一个案例中得出结论,对同一问题进行科学归纳,并推广到其他问题的解决。

（7）准确界定问题,包括找出问题的实质,找到问题的主要方面,对问题进行解释和简化,寻找线索。

（8）善于联想,从不经意或看似无关紧要的事情中寻找解决问题的方法。

（9）注重细节,细节展现深入的一面,让设计更加完美细致。

（10）善于转化,如果这个方案不行,不妨换个方式试试。

（11）对适应性和设计能力进行全面评估、科学分析和量化。

第二节　会展展示设计原理

一、会展设计的步骤

为了系统地进行展览策划,在对展览主题、展品和观众进行分析的基础上,大型展览通常要准备一本"展览策划书"。

会展策划书的目的主要是为与会议、展览、展品相关的各种主题制定功能性、指导性的实施依据和实现主题目标的计划。其内容主要包括以下内容。

（1）展会主题、地点、宗旨及目标。

（2）展览时间、设计策划时间、展览制作时间。

（3）展览的地点、范围、面积和环境。

（4）预算、运输费、人工费。

（5）展品的主要对象和内容,展出的实物、文字、图片、图表的内容和长度。

（6）布展、撤展人员及方案。

（7）展厅及平面设计、布局设计、灯光设计。

（8）人员和信息计划。

一本详细而周到的演示设计书,使会议、展览、展示有条不紊、有步骤、有系统地进行。

在设计展览之前,设计师必须了解和理解展览的主题,了解展览场地,了解展览品牌。展示广告设计是在一定的广告目标的指导下,根据展示公司的情况、产品品牌、外形、功能和特点,适当、有计划、合理地运用布局、立体设计、空间规划、音响设备、色彩合成等工艺技术,将宣传内容艺术化地引导给消费者,使消费者在一定的空间、环境、时间和良好的信息传播氛围下,能够充分、真实地接受和理解各种形式的广告信息。

展览的主题、内容结构和中心焦点。要深入研究并熟悉展览的内容和主题,就像电影和戏剧导演要精读剧本一样,了解每个部分的内容和相互作用,各单位、各展厅尤其要深入把握展览主题、展览对象的类别和展览设计的风格特点。根据研究制定不同的设计方案,以满足展示广告的目标要求。在广告中展示大量真实样品也是设计师应该熟悉的部分。除了了解产品的属性、用途、名称、颜色、结构、制作工艺外,还必须对展品的尺寸和材料有全面的了解。

基于对主题和展览的掌握,宣传广告设计者还会到展览现场进行实地调研、测绘和测量,了解展览现场的建筑结构和特点,并提供展馆建筑平面图及立体图。如果条件允许,可以对展会现场的环境和已有的设备进行拍照记录,这对广告展示的设计大有裨益。策划阶段可分为两个阶段:制定展览草图和撰写展览计划。

设计方案是展示工作的核心,反映了展示的目的和要求,以及预估展示费用的内容。以广告主题为导向,根据广告的具体内容,包括文字、图片、实物、图表、买卖目标,结合展示环境、条件,写出展示总体方案的文字脚本——展示大纲。展架自始至终是整个展览工作流程的核心和灵魂。在确认展览内容、材料和相关信息的基础上,要在展览大纲中写明主标题下的副标题和文字内容,包括实物、形象和材料,说明所需的照明要求、材料要求、尺寸要求、色调和色彩要求、空间处理要求、技术要求等。

展览方案的制定是展览大纲的具体体现,应反映展览的性质、展览的规模和面积要求、展览的对象、展览所需的材料等。各展区、单元、展组、展示主题、单元均需制定参展清单。展示系统的总体结构可分为部分、单元和展示组。展示层次不宜过多,一般来说,标题可分为三个层次。在准备展览计划的基础上,在草稿的心理指导下编写展览计划。展览策划还必须从宏观上处理部门从空间到地面的整体性,有时还要兼顾户外广告和室内陈列的扩展性、连续性和关联性,使广告能够展示商品在几个方面的属性和功能,特别是实物陈列丰富多彩,具有很强的真实感。展会现场可以进行演示和商业即兴表演,这样消费演示性更强,消费者可以在一定的空间内看到、听到和触摸到。展示广告的这些好处必须在展示计划中得到充分理解和考虑。

二、会展展示设计中创意思维的方式

(一)用概念思维的方式

概念思维是指借助逻辑工具对思维内容进行抽象和推导的思维活动,即人们对事物意义的理解及其用语言文字的表达方式。它不是对具体对象的直接描述,而是通过概念联想等思维操作,将对象整合成反映客观特征的具体对象。

(二)用形象思维的方式

形象思维是指可见的形象和已经形象化的图片。它们由点、线、面、体、空间等组成,都具有位置、方向、角度、密度、尺度、比例、运动、变化、速度、纹理、颜色等形象要素。

形象联想可以从基本形象开始,点到点,点到线、面、体和空间。形象联想也可以从形象元素开始,从这个位置到那个位置,然后从位置到方向、角度、密度、尺度或运动、变化、速度、节奏和纹理。

形象之间的关系非常复杂,它所引发的联想也非常丰富:一是基本形象与形象元素之间的同相、相反关系的联想,二是形象与结构的关联,如形象与意义、阶段与过程、因果关系等。

(三)用关系思维的方式

关系是指形象的不同部分、这个形象与那个形象之间的相同和相似、相似和相反的关系。这些关系将不同的形象和概念联系起来,使人们扩展思维,加深理解,丰富而新颖。以此为出发点进行思考、分析和综合、推理和判断、隐喻和象征就很容易进入,也很容易重新排列、改进和更新形象。

三、低碳会展设计的原则与新方向

（一）低碳会展设计的原则

1.应用性原则

（1）新材料的使用原则

进入低碳时代，展示设计的任务也发生了变化，体现在装饰材料的不断更新和先进设备的不断研发上，它们使人们对用于装饰展示的新型材料提出了更高的要求。合格的设计师必须与时俱进，学习和补充自己的行业专业知识，清楚了解最新建筑和装饰材料的基本性能，丰富自己的设计手法，将新材料、新工艺与空间规划和功能有机结合，从而创造最好的展示。室内所用的各种板材、胶水、墙纸、油漆等装修完工后是否达标，是否对人体有害，只有正确处理这些东西，才能做出真正的"低碳设计"。这些建筑材料难免含有不同量的甲醛、氨等有害气体和化学物质，设计者在设计过程中应慎重选材，选用真正低碳环保的新型材料，确保空气质量达到国家强制性标准。在选择新材料时，设计师必须检查这种新材料的制造工艺是否有效且环保。施工中选择技术素质高、敬业细心的专业施工队伍，了解各部门的进度和联络工作。

（2）新技术的应用原则

后世博时代展览设计的未来发展，表达了人类对未来美好生活的向往，推动了人类的发明创造和新技术的创造。

（3）绿色设计的应用原则

在展览设计的低碳设计领域，绿色设计作为一个易于实施和宣传的项目，必将受到广泛的关注和使用。在展示设计中应用绿色设计时，必须考虑生态资源和人类环境的作用以及成本、工艺技术等因素。要实现展览与自然的协调互动、资源能源的合理利用、废弃物的回收再利用、减少场馆和展览对环境的破坏、展品指标与自然环境相适应。

上海世博会的大部分场馆都运用了低碳可持续发展的理念，例如瑞士馆将高科技与天然生物技术相结合，展馆墙壁上的红色幕布具有综合实力的优势。

2.地域文化原则

在设计过程中,空间规划、功能设计、陈列展示等都要恰当体现地域特色、民族氛围和设计审美,使作品具有生命力。

3.立体空间原则

低碳展示的设计考虑了整个展厅的场景环境所表达的主题。低碳设计风格逐渐成为一种视觉传达的表现形式和展厅的一种趋势,它反对过于传统、死板的装饰和图案化的呈现方式。低碳立体空间通常采用组合景观的形式,内容的呈现以组合的相应主题和合理性为基础,并参考自然界的生态绿色低碳技术。

4.数字化原则

低碳数字化要看低碳技术与低碳材料是否合理高效结合,否则就是资源浪费和环境污染。会展技术的数字化对会展业的发展起到了不可替代的作用,高科技的发展促进了数字化设计的发展,数字化设计中的低碳技术成分逐渐比以往更多。但这并不是说技术超越了美术设计,而是好的作品需要二者之间的有效平衡,二者缺一不可。

目前,我国数字技术的应用尚处于起步阶段,还存在技术不足、产量不足等问题,这就需要设计人员加紧努力,积极学习先进的技术和理念,并结合实际加以运用,随着这些因素的成熟和改善,数字滥用将慢慢减少。

(二)世博会展发展新方向

1.世博会展中的低碳设计

展览设计作为设计众多分类中的重要组成部分,是展览活动中对展览空间环境和交流行为的组织。世博会的出现和成功举办使得展览空间得到了长足的改善,并影响了包括城市景观在内的一系列公共空间,让不同国家对如何举办各种展览活动有了更深刻的认识。世博会发展至今,已不再是过去简单单一的供求关系,而是包含了很多不同的学科,其在展览策划中的作用也越来越重要。作为一种新兴产业,它不再局限于商业活动,而是像奥运会一样成为全球性的盛会。因此,展览设计也受到各国政府和各企业的高度重视,展览业发展迅速,从展览形式、展览规模、布局、展台结构、场地形式等方面可见一斑。自第一届世博会举办以来,展览设计的发展已有 100 多年的历史。这一时期保留了许多标志性设计,例如巴黎的埃菲尔铁塔,这些标志性的模式开创了展览业态的新纪元。

世界博览会,俗称世博会,每 3 至 5 年在世界各大城市举办一次。世博会鼓励人们将绿色环保、自然生态、低碳节能等理念应用到设计中,加强了科学与艺术的融合。在考虑大型展览时,我们也应努力减少环境污染和资源消耗,更注重节约材料、快速施工、易装易拆等可持续的低碳环保意识,创新节能低碳技术,开发新技术、新材料,实现循环、和谐发展。

世博会一方面呈现人们对未来世界美好生活的感知和憧憬,另一方面要解决生态破坏、环境污染、水电消耗、住房等紧迫的现实问题。城市化进程中的低碳和低碳规划是一个重要的突破口。低碳的理念、研发工作、技术和材料的低碳设计利用,直接关系到城市基础设施和城市发展水平。

在一个以"低碳"设计为核心理念的世界展览中,它有别于以往展览探索传统理念,提醒我们对历史的解读。从设计到建造的所有过程,世博会都必须是前卫的,陈旧的表现形式不是世博会的目的。作为整个展览的灵魂,设计师的设计必须从不同的方向、不同的角度,呈现出全方位的绿色生态节能环保理念。得益于低碳理念,设计不再是单纯的"求新求异"或"仿旧复古"的表达,而是拥抱传统文化精髓、推动发展的迫切希望;设计不再局限于现有成果,而是探索未来发展的创新实践和解决方案;设计是创造先进技术的先锋,指的是人类社会与自然生态的和谐共生;它被赋予了艺术感染力和对人文使命的责任感,最终体现在一条关乎美好未来的研究路径上。

从世博会展馆来看,低碳环保体现在太阳能、热能和风能的开发利用,水资源的节约和循环利用,装饰材料、展览器材的回收利用等。从结构布局的规划设计上,可以看出减少了不必要的能源消耗,强调了整体功能的协调统一。因此,场馆建设也是贯彻低碳环保设计理念的重要体现。1851 年,伦敦水晶宫世界博览会的举办,引发了对世界博览会通过艺术、科技和材料的结合来表达当时的精神意义的关注。

2000 年汉诺威世博会上,由建筑师巴尼茂设计的日本馆,从设计到建造都是围绕着拆解和回收的可能性展开的。场馆建设产生的废弃物体现了低碳环保的理念。日本馆主展厅的屋顶采用 440 根纸管作为结构材料与纸制成复合材料,将弯曲的圆柱形结构以织物网络的形式交织在一起,与弯曲的墙壁巧妙地连接在一起。展馆内架设的桥梁和通道配备了电视等多媒体屏幕,引导参观者依次进入分展区,在观展的同时,可以浏览展览中呈现的信息。当时其他国家的馆以木材为主要建筑材料,而日本馆别出心裁,首次创造了世博会建筑的"纸建筑",因此获得了大奖。本届世博会日本馆的建筑形象生动地诠释了日本的创造力,一个重视科技的国家的创造力,以及与自然生态和谐相处的智慧。

为解决空间和资源日益减少的问题,MVRDV 建筑设计集团建造了一座 40 米高的建筑,汇集了荷兰不同的景观,成为展会上最高的展馆建筑。被称为"三明治"的荷兰馆每一层都概括了荷兰独特的风景,其建筑形式呼应了展馆的低碳设计理念和"生态""环保"的主题,不同层次的隔断清晰地展示了展厅的内容。展馆配备风力发电系统等能源装置,与展馆的建筑结构巧妙结合。

2005 年 3 月 25 日,爱知世博会在日本爱知县名古屋市隆重举行。世博会提倡 3R(Reduce、Reuse、Recycle)运营理念,体现在展会的设计、规划和实际运营结构上。世博园区等多个场馆都是一种低碳设计理念,减少能源消耗,突出再利用、可回收性和回收活动。

2010 年上海世博会,大量使用超光能生产薄膜、可回收软木、标签纸和大豆纤维等建筑材料,大量使用太阳能电池板、温室新型绿色植物和光伏装置。集成模块进一步揭示了世界博览会场地的建设。"低二氧化碳之美"和"生态之美"标志着会展业低碳生态时代的到来,其进步的重要性在于开发和创造与自然和谐相处的栖息地,以及改进显示技术的材料生产技术。从工业革命到工业文明,低碳设计赋予了过去单纯技艺新的人文精神。例如,瑞士国家馆的建筑再现了森林景观,布满了红色的帷幕。场馆内可使用环保低碳的太阳能设备,窗帘的合成树脂材料是新开发的安全材料,甚至可以食用。

澳大利亚馆将本国传统的自然元素和文化与尖端科技等抽象手段相结合,诠释了其展馆的主题。场馆外墙采用高科技涂料,可根据季节温度和日照程度变化,节约资源,减少因变色而产生的二氧化碳排放。利用多媒体技术设计的展示场景,比单纯的展板展示的内容更丰富、更通用,从而避免了视觉疲劳和展览兴趣的丧失。其中一种高度参与的互动体验方式如多功能的展览平台,可以让参观者充分融入展览,体验归属感,不再机械地看展览,而是有兴趣感受世博。

从生态系统的角度来看,城市是一个非常开放的系统,其初始的能源和物质输入完全依赖于系统外部,其最终的物流和废物流基本上都取自系统外部。上海世博会规划区生态环境现状十分恶劣,地表水、声环境和土壤质量均为轻度污染。世博园区绿化率仅为12%,远低于上海人均公共绿地面积的最低标准。因此,政府希望举办本届世博会,能够降低这一地区的人口密度,增加人均绿地面积,减少污染,改善环境质量,为上海建设生态城市和生态建筑提供参考样本。

2. 后世博会展发展策略

（1）构建低碳展示空间

如果把表演空间比作舞剧场景,那么展品就代表了舞剧的演员。展览空间艺术的影响不仅体现在物理空间上,更体现在精神层面,注重通过视觉效果营造氛围和表达情感,积极推动展览空间与展览空间之间的"交流空间"。空间给参观者真实的整体感受和氛围,开发观众的想象力,大大提高了展示信息的效果。低碳设计的发展为展示空间的可变性、时空性的构建提供了技术支持,为观众与展示空间的互动增加了多种选择。

（2）配置低碳展示设施

辅助展示和展示空间是展览组织和展览装饰的重要组成部分。低碳展厅可以升华展厅的室内装饰。合理高效的布展还可以降低展示成本,减少资源消耗和浪费,平衡观众心理,优化展览效果。在展会前期策划过程中,可以通过全系列低碳展厅来衡量负责展会的设计团队是否具备专业技能,这也是有效选择搭建商的有效措施之一。

（3）倡导低碳展示方式

随着低碳理念的推广和低碳技术的发展,展览设计的内涵和表现形式必须更加主题化和系统化,呈现时代的各种特征。新的展示技术的运用使得参观者自行定义,在展示视野中,可以感受到虚拟与现实、多媒体技术与实体展览相结合的多维展示空间。低碳展示的设计形式有效地传达了展示信息,同时节省了展示成本和展示消耗。这也可以作为评价展览设计成功与否的一个关键标准。该标准也反映了低、中等综合水平的碳结构。

（4）培育低碳展示体验环境

低碳屏幕体验环境是媒体艺术设计发展的一种新形式，它的发展丰富了屏幕主题的表达。相对于传统的展示媒体技术，它是一种集多媒体虚拟技术、数字影像技术、声光于一体的多维媒体展示体验环境。"这种全新的艺术表现形式，让艺术与科技更加融合，让观众在视觉、听觉、心理、生理等方面享受到多方面的体验"。

低碳新媒体艺术形式首次亮相世博会，在商业展览中得到推崇、推广和应用。这一变化有效地改善了传统展览形式的保守局限，提升了现代展览艺术最新的艺术感染力。实施注重与参观者的互动体验联系，增加参观者的主观能动性、参与性和戏剧性。让参观者在观看展览的同时有机地融入其中，有效地接受所表达的展览主题，甚至成为展览的一部分。

（5）大力倡导低碳会展设计

低碳技术材料的研发、展览技术的改进和多媒体技术与设备的更新确保了展览设计的低碳性。低碳主题可以塑造良好的企业品牌形象，世博会舞台上低碳展示设计的强势发展也强化了国家形象。发展低碳展览设计，运用低碳设计，巧妙高效地提炼出设计元素和符号，以干净、精致的设计语言，顺畅、自由地使用环保、绿色、低碳的节能材料和技术、能源。避免空间项目的不合理缩减、材料装饰的滥用、视觉污染和数字媒体技术的堆砌，这些可持续的、完整的低碳设计解决方案是后世博时代展览设计和展览发展需要探索的研究问题。

四、会展展示设计创意方法

（一）头脑风暴法

"头脑风暴"换句话说就是大量的想法来自许多同事、合作伙伴或其他成员的相互鼓励。我们以世界知名设计公司 IDEO 的做法为例，探讨"头脑风暴"的创新方法。[①] 见表 5-1。

表 5-1　IDEO 公司对于"头脑风暴"的应用[②]

步骤	具体做法
明确主题	首先必须清楚地描述主要问题,这就需要组织者在会前做好充分的准备,尤其是花时间创造一个明确的讨论话题。讨论的主题不应该是笼统的简单描述,而应该是一个具体的问题。"今天我们来探讨一下女装区的设计",这样的主题是没有意义的,如果范围太大,可以细化,做成几个子主题。
制定规则	避免一开始就拒绝或批评某些想法,因为这会过早地消耗能量,影响大家的积极性。IDEO 将讨论的规则印在会议室的墙上——"循序渐进""大胆创新""活力四射"。
创意数量	统计每次头脑风暴产生的想法,可以调动与会者的积极性,检验讨论的流程,进行想法之间的相互比较。想法的质量当然是最重要的衡量标准,但最好从几个概念中选择一个。这对于产品设计尤为重要,但在展示设计中,由于成本和时间限制等因素,必须妥善管理概念的数量。
建设和跳跃	会议主持人一开始就"营造"了一种"轻松、平静的交流氛围",当讨论的热情慢慢高涨时,主持人抓住机会"跳跃",让创意在陡峭的部分流淌。能量曲线均匀,沿曲线方向逐渐进入峰值平台后,达到缓和的目的。
空间记忆	将新出现的想法写在纸上并贴在墙上有助于记忆和深入讨论问题。虽然信息技术一直在进步,但廉价的技术有时也能取得更好的效果。比如白板、大号便利贴、一叠厚纸等。在大家忙着写字画画的时候,主持人迅速把想法写下来,让大家看到进度。最好有几张大纸或用纸覆盖整面墙,这样所有的想法都留在会议空间的一个地方,不容易被抹掉。主持人整理出这些想法的要点,引导大家回到每个人提出想法时的第一反应,挑出值得回来深入讨论的话题。
精神热身	这是一种让所有参与者在更轻松和友好的氛围中理清思绪的方式。虽然需要一点时间,但可以让人忘记手头的事情,专注于手头的会议。心理热身的方式不限,可以是快节奏的文字游戏或集体操,也可以是团购或收集与会议主题相关的资料等。头脑风暴的另一个好处是自然而然地加强了团队建设,营造和谐流畅的讨论氛围是设计经理们期待的效果。

[①] 很多书籍都讨论过头脑风暴,但这种创新方法并不适用于有些情况。首先,在中小型项目中,设计师要独立完成前期的概念创意部分,很难调动众人参与头脑风暴会议;其次,许多展示设计项目并不要求过于新奇的创意,而是寻求平实、精准却又独具特色的设计,这种设计并非一定要借助大家的热烈讨论,而恰恰需要深厚、沉静的创造力。不过,依靠集体的智慧对于很多项目来说是一个非常必要的手段,头脑风暴就是这种手段的最佳选择。

[②] 黄立萍,刘恋 . 会展展示设计 [M]. 北京:中国旅游出版社,2013.

续表

步骤	具体做法
具体化	除了书面笔记、草图和图表,其他更具体和直观的方法将有助于扩展思维。例如,利用纸、卡片、一次性筷子等手边的物品,制作表达自己创意的草图模型,或者干脆用身体进行表演,模拟人们的购买行为,寻找设计灵感。

（二）借鉴与移植的方法

借鉴与移植是最常用的一种方法。[①]借鉴是在现有设计中寻找启发因素,如新材料的使用、巧妙的施工方法、不同介质的组合、表面处理技术等;移植将不同领域的优秀模型融入新的商业环境和场景规划中。[②]可见,所有这些方法都包含着再创造的成分,与抄袭有着明显的不同。

传统上,杂志和行业书籍是最好的信息载体,但今天的互联网已成为主流的信息传播渠道。除了阅读大量的图像和资料,设计师还应该仔细阅读文字描述,了解设计背后的动机。创新的设计师不仅知道"是什么",更重要的是思考"为什么"。当知道一种设计形式或风格的原因时,表面的视觉刺激不会让人迷惑,这样就能找到设计创新的内在规律,从一个案例中得出结论,用所使用的形式语言来诠释设计的吸引力,这是来自上面的真正意义参考。

（三）自由灵感法

自由灵感是我们努力追求的创造性思维方式。自由灵感的起点是充分的准备和完整的设计研究过程。此刻,设计师的心思已经在工作空间内兴奋不已。即使身体轻松愉快地游荡,内心的思考也没有停止。

例如,带着疑问购物可以成为最快发挥创意的方式之一,尤其是那些国际品牌集中的商场,在这里可以随时感受到不同潮流的脉搏。当

[①] 但是直接的抄袭就是犯忌了,不仅会给客户带来麻烦,也会使自己和设计公司的声誉受到影响,最重要的是,抄袭会极大程度地磨灭设计师本身的创造力,养成过分依赖现成设计模板的习惯,甚至丧失独立设计的能力。

[②] 正如创新思维研究者安德鲁·哈格顿所言:"最好的创意绝非天才的专利,而是那些懂得将某一情景下显而易见的主意,以一种巧妙而隐晦的方式用于另一个情景之下的人。好的设计公司正是谙熟如何系统化地应用这一过程。"

然,这种方法也会限制设计者的想象力。脑海中有很多成熟的设计理念,似乎无法超越。因此,各种新公司都无法脱离现有的设计模式。解决方案是选择范围更广的或在与设计内容没有直接关系的购物中心"闲逛"。比如材料市场,非常丰富的家装市场,各种展览甚至博物馆。

五、会展照明设计

(一)照明设计的方法

灯光设计的方法有很多种,将它们组合起来可以达到完美的展示效果。一般方法如下。

1. 引人注目的照明方法

利用光的不同属性来拉大展台与环境的差距。例如,从相邻的展位开始,将主要部门的部分照得更亮,或者颜色与环境分离并结合灯光的动态效果等。

2. 使参观者停留浏览展品的照明方法

利用光的不同属性来展示展品的属性。例如,提高亮度,选择一个好的角度来聚焦展品的立体感、光泽感或材质感,还可以改变灯光的颜色,营造良好的展示环境,突出展品的特色。

3. 使观者在展区能顺利走动的照明方法

布置灯具时,增加走廊整体照明与展品重点照明的距离。同时,在走廊照明中要注意造型和形式的连续性。例如,点光源连续均匀地放置在走廊中,可以引导观众的移动。

4. 减轻眼睛疲劳的照明方法

减少直接照射造成的眩光,降低展品与背景的亮度对比,选择合理的角度,注意控制其反射光的强弱等,都可以达到减轻眼睛疲劳的目的。

（二）会展照明设计需要注意的问题

1. 灯光对展示产品的保护考虑

由于光是一种辐射能，可分为可见光和不可见光，尤其是不可见光中红外光和紫外光的辐射是造成产品发热、褪色的罪魁祸首。

自然光中含有大量的紫外线，如果在无人看管的情况下进入服装店，部分产品经过一段时间的照射后会褪色。荧光灯、卤钨灯和高强度气体放电灯（金卤灯）也会不同程度地产生紫外线。事实上，不同级别的紫外线辐射强度取决于灯的类型和光线。这主要是因为灯管或反光罩的材质工艺最终决定了紫外线的照射量。紫外线辐射尤其能穿透石英材料，但现在已经开发出一种特殊的合成石英材料（如陶瓷金属卤化物灯），可以有效过滤紫外线辐射。

2. 照度、亮度、眩光等数值考虑

根据照明要求，如果要强调展示，就必须在物体上设置重点照明，通过照明强调其展示层次的重要性。除了照明，还要考虑主观亮度（高）照明，客户看到的展示上的物体不一定明亮，客户看到的亮度很大程度上取决于展示的材质和背景环境的亮度，主观亮度对比度通常低于客观照明对比度。值得注意的是，我们通常可以通过降低一般照明而不是提高重点照明来最有效地达到照明比。例如，开放式服务的自助店（大卖场）很难营造出戏剧性的灯光效果，因为一般的灯光值太高。

3. 显色性和色表考虑

当需要显示物体的真实颜色时，照明器的光谱分布最为关键。许多设计师希望在同一个地方使用不同类型的光源。事实上，在大多数情况下，我们应该注意色彩表现特征的互补性。如果颜色均匀性高，应避免混合不同的光源。

展览活动的重点是展品的展示，虽然这些室内环境可能千差万别，但对展品都有一个共同的要求，即展品必须易于辨认，强调其优势，设计师必须仔细考虑柜台、陈列柜、货架、橱窗和墙面装饰的局部照明技术。通常，局部照明伴随着一般照明。这两种照明方式的组合决定了室内环境的意境。有必要检查销售和陈列室的一般照明技术。无论何种商品，都应清楚地显示出其原有的特征，让人一眼就能看出它的形状、颜色、结构和尺寸、材质。在服装产品中，光的漫射方向和程度大多可以控制呈现方式，而不是数量。

4.灯光的冷暖性选择

店铺整体灯光设计考虑了光的冷暖心理效应。考虑到温度和季节的变化，顾客在炎热的夏天喜欢冷色，在寒冷的冬天喜欢暖色。类似的其他心理效应，如轻与重、美与简，一般顾客很少能感受到。视觉色彩的冷暖感受源于人们的心理联想，特别是受当时气候、温度和节日促销的影响，灯光冷暖色彩的偏重和偏向更为明显。

六、会展展示色彩设计

色彩设计是艺术设计基础课的必修课，贯穿于所有展览活动中，色彩设计的主要部分包括展览色彩、展示道具、展示结构和环境背景。不同颜色的组合会产生不同的视觉效果，好的颜色效果让人心情愉悦，反之则让人产生消极情绪。了解屏幕颜色有以下设计原则。

（一）和谐统一

画面的整个色彩比例必须是完整统一的，才能形成色调。色彩淡雅，色调、色彩、明度的关系处理得当。

要表现出色彩的和谐，关键是要了解色彩的关系。首先，确定色彩的主色调，模拟色彩意境。将基色设置为决定主色调的深浅，大面积使用基色，再设置其他部分的颜色，主色不要超过三种。避免在大面积区域使用大量饱和色，这样人们就不会感到被排斥在外。

（二）重视对无色彩的运用

黑、白、灰在画面色彩的运用上起着胶片和陪衬的作用，丰富的色调变化使画面色彩协调统一。

黑色表面吸收所有光线而不反射，这使得与其他色调并列时颜色更加鲜艳。当用作辅助色时,黑色可以增强显示环境中其他颜色的彩度。

白色表面具有完美反射光线的功能,任何颜色在白色背景上都会降低其彩度,是一种上乘的辅助色,可以淡化和吸收展厅内过于强烈的色彩感。此外,白色可以反射和移动同一区域相邻颜色的色调位置,产生微妙的"融光"效果,就像白色墙壁上隐藏的红色花朵所产生的粉红色光。

灰色的作用介于黑与白之间,具有综合的特殊效果,用于强化强烈的色彩,淡化、中和、协调不同色彩之间的关系。灰色通常由黑色和白色混合而成,但也可以由色调上的两种互补色混合而成,当两种互补色混合时,配色不均匀会使它变成灰色,从而趋向于灰色。这种有色灰色充满活力和装饰性,可用于显示配色方案。

(三)艺术地运筹与调度固有色

要充分考虑展览色彩、建筑内墙色彩、展览家具色彩、地毯色彩、外装色彩和装饰品色彩之间的综合关系。当两种颜色并列时,颜色对比会刺激人眼,使两种颜色产生反感,引起颜色本色的变化。这其实是一种视错觉,但就是这种视错觉,很可能造成展品在展示过程中出现变形。例如,从前有个顾客在商场买裤子。过了几天,顾客又找上门来,要退回裤子。原因是他想买墨绿色的,带回家的却是黑色的。这是因为这个商场的整体基调是红色,黑色在红色的衬托下显出墨绿色。因此,陈列必须保证商品的颜色正确显示,避免颜色"失真"带来的负面影响。

(四)色彩丰富性

如果配色方案只是统一而没有变化,那是毫无生气的。观众因为长时间得不到足够的色彩对比刺激而会感到单调乏味。因此,需要在色域、色调、纯度、明度、光色、质感等方面做有规律的变化。

(五)服务于观众的原则

受众对色彩的生理、心理认知和反应是色彩设计布局的基点。

（六）体现特定的展示主题和企业形象

不同的色彩表现、情感诉求、象征意义和独特感染力是必要的重要设计元素和资源，可以调动这些元素和资源来强化展示主题和企业形象。

（七）注重发挥照明与材质美

利用现代室内装饰材料中各种天然或人工材料的颜色特性，结合灯具的色彩和光效，是营造展示环境、扩大展览中介效果的有效途径。在造型各异、色彩斑斓的展品面前，无彩色的黑、白、灰或不同材质特有的色彩效果，可以让展品动起来。

第三节　展示空间设计的主题策划

一、展示空间设计的主题策划要点

展览空间设计的主题是展览内容的高度浓缩和概括，能够体现展览的目的、理念和目标，营造吸引和感染观众的情节意境。展览空间规划的本质是主题的创意设计，设计师根据展览活动的主题和风格，通过适当的表现形式进行规划和组织后，创造出具有独特创意和理念的展览空间。展览主题的设计从对展览空间的深刻理解、对参展企业的文化背景和目的的深刻理解、对行业市场信息的反馈，以及勇于创新的意识和能力出发。

主题是展厅设计的基础，是展示最终效果的决定性因素。空间的构思要围绕主题。在策划初期，需要把握主办方和参展商的意图和目标，以及要传达给参观者的信息，以确定展会的主题。好的陈列主题必须能够直接表达陈列的内容，营造和谐的居室氛围。明确展厅的设计主题可以从以下三点来理解。

（一）突出行业特色

每个行业都有自己的特点，因素决定了大众对整个行业的评价，而这些因素恰恰是设计师在设计展厅时必须考虑的。所谓行业特色，就是指行业的特点。

我们会看到一些企业，为了求新求异，过于追求形式感，脱离了行业的特点，表面上看起来很热闹，但是影响了客户对产品的评价。

（二）强化产品卖点

大多数客户都希望通过参展来为新产品的推出聚集人气。这就需要设计公司弄清楚新产品本身的卖点，卖点往往是产品的特点，如使用方便、内在品质、材料先进、结构合理或外观新颖，然后将其宣传为产品主题。设计公司从展区的设计到空间的管理都要围绕主题，以强化产品的卖点。

（三）体现品牌观念

对于那些相对成熟的企业来说，在品牌已经形成或基本形成的假设下，展示空间只是品牌形象在相对固定的时间和地点的延伸。因此，他们将年度展会计划与公司的整体传播计划相结合，并与设计师合作，为统一风格和记录突发事件做好充分准备。

风格基于文化背景。要想打造出独特的风格，就必须挖掘参展商的文化背景和文化特点。无论是空间的处理，还是灯光、色彩、材料和新技术的运用，都与文化息息相关。这些特征彼此相关，这些关系创造了呈现空间的独特风格。

挖掘主题、探索商业展览的风格，都是以商业目的为导向的相对被动的选择。为了展示设计师设计的元素，必须对市场保持尊重的态度，即尊重顾客和公众。在大多数情况下，满足公司的需求也就满足了市场。当然，这种知足并不是一味地关心。为了代表这样一个高度实用的领域，理论专业化往往不同于实际应用。

了解展会的主题和风格，可以使设计师全面、准确地反映所有企业和产品信息,有效调动所有展示手段,为参展商把握市场先机、塑造良好形象提供有力的支持和帮助。

二、展示空间设计的主题策划程序

(一)确立主题信息

1.寻找信息特质

根据市场调研和诉求对象进行分析,选择和呈现空间中展示内容的基本信息,找出与其他竞争对手不同的信息特征,然后将其与展示的动机和目的联系起来。

2.确立解读方式

在展示空间的设计中找到分析和理解信息内涵的特殊角度,以独特的思维导向规范信息的技术表达,使信息的差异性以一定的物化形式体现出来。方法是在找出信息差异后,需要对数据解读方法进行横向比较,以此为基础创造出个性化、独特的陈列概念,并据此确定陈列的主题、概念。

(二)强化主题信息

在信息发达的今天,人们已经被杂乱无章的信息流所包围,对信息的感知麻木而迟钝,对信息的选择也越来越强烈。现代信息传播的目的不仅仅是告诉人们,而是让人相信、感动和行动,这也是所有广告设计的共同点。

1.信息的系统化

我们可以将信息系统化过程理解为对信号(显示内容)进行再过滤和重新编码,并将重新编码的信号放大再传输。画面系统化就是围绕画面的主题,按照一定的思维倾向对画面空间中的信息进行整理,使其成为具有统一特征、规范化风格的有组织的信息集合。

2. 信息的形象化

很多知识的内涵在被大众接受之前都是抽象的概念。可视化的目的是将抽象的概念转化为具体生动的图形和符号。它的作用是让受众直观地"看到"信息,加深对信息的理解。信息可视化主要表现在两个方面:强调形象和增强视觉冲击力,通过图像展示和演示帮助受众加强对信息的理解和描述。

3. 信息的互动化

现代银幕不仅运用影像技术、数字技术、传感技术,还利用观众对场景的期待来组织有趣的活动,如通过游戏等方式表达与观众的交流,消除观众与观众的距离感。通过现场商业展示,轻松接收娱乐信息。事实上,展览最独特的魅力在于它的存在感,因为在展览空间中,不仅是展示的内容,还有参观者带来的其他信息,这种体验新鲜而丰富,充满了不同的期待及观众对节目的看法。

(三)传递主题信息

信息传递的有效性主要取决于观众从屏幕上得到的反馈,这就是为什么要与听众合作来传达演示文稿的信息。某种信息不能单方面强加给观众,信息的传递要有空间,所以好的展示与其一味地耗尽自己的信息,不如以启迪的方式引导观众,给观众留有余地。听众去想,而思考也可以帮助记忆。在展示专项策划中,要根据展示的动机和目的,增加或减少所传达的信息量,统一和简化信息表达的技术方法。

三、展示空间设计的主题策划准则

(一)业主的目标

展示空间的主题设计首先要明确业主的目标,同时具有鲜明的行业特色。基于主题,设计的目标更加明确,设计师通过一定的主题来体现空间的视觉冲击力,让客户获得独特的现场体验和个人精神享受。主题能直接表达画面内容,使观众一目了然。

（二）展品的需要

从展览的需要来看，展览空间的主题设计是商业性的，应体现展览品牌的理念，也是文学艺术宣传，应体现展览的主要目的。注重展品的需求，尤其是在商业展厅中，一个好的品牌往往会给人留下对企业的好印象，最终使消费者认同企业，从而提升企业的整体形象。展厅是企业品牌形象的延伸，可以起到塑造品牌形象的作用。此外，陈列设计还应强化产品的卖点，充分突出产品的特点和优势。

（三）观众的期望

从展览的对象来看，参观者的预期目标是主题设计的方向，因此展览空间的主题设计应在对观众进行详细分析的基础上进行。通常，当观众习惯了节目的某种风格或主题时，他们会拒绝改变。当然，大众也有机会关注新时尚，争先恐后地看到新产品或新空间。这说明观众并不是不愿意接受新的体验，而是更喜欢看到清晰可辨的形式，观众的反应对主题内容的界定具有重要作用。

（四）环境的限制

展览空间的设计是根据展览建筑的使用性质、环境和相应的标准，运用材料技术和建筑美学原理，营造功能合理、舒适美观、与人精神相融合的展览空间环境。这种空间环境不仅具有功利价值，满足相应的功能需求，还体现历史文脉、建筑风格、环境氛围等精神因素。

展览空间的"内"与空间环境的"外"可以说是一对辩证统一的矛盾。正是为了更好地做好室内设计，越来越需要对整体环境进行充分的了解和分析，一方面要关注内部空间，另一方面要关注外部环境。

从空间的"内"与"外"关系来看，展览空间主题的感知、概念、整体风格和环境氛围应着重考虑环境的整体性。展厅整体设计从概念上讲，它应该被认为是展示环境系列中的"链条中的一环"。

第四节　会展展示空间设计实例

一、北京世界园艺博览会中国馆展览设计

2019北京世界园艺博览会于4月29日正式开园,中国馆由中国建筑设计研究院有限公司设计。设计从园艺文化和中国传统哲学出发,整体场地布局将山、水、林、田、湖浓缩成一座中国盆景,堆土营造出古老农耕文明的独特景观——"梯田",并借鉴中国传统斗拱、榫卯工法,采用轻盈优雅的钢结构屋架,将建筑置于"梯田"之上,形成龙脊抱月的空间关系,使建筑充分融入山水环境之中。

图 5-1　中国馆

由清华大学美术学院信息艺术设计系副教授张烈牵头的联合设计团队承担了世园会中国馆展览总体策划设计和布展工作。

作为世园会核心的中国馆,西临山水园艺轴,东临"世界舞台"草坪剧场,北侧为人工景观湖——妫汭湖,南侧与园区主入口相对,居于园区最重要的位置。张烈以植物为笔,挥毫泼墨,带领团队用两年多的时间呈现了一场园艺的视觉盛宴——"生生不息——中国生态文化展"。展览采用戏剧化的空间叙事手法,以"天地人和""四时景和""山水和

鸣""春江风和""祥和逸居""和而共生"之"六和"为题,用诗意的语言,表现和谐质朴的中国生态观、江山多娇的绿色发展观、山水林田湖草生态整体观、成果共享的民生普惠观以及共谋生态体系建设的全球共赢观。依天地风物山水人居,进而全球和谐共赢为序,依次布局形成九幕空间,带来循序渐进、步移景异的全新观赏体验。

(一)壹 · 捶出来的种子夯土墙——生生不息

进入中国生态文化展区,首先映入眼帘的是星罗棋布的亚克力光柱,组成了中国传统星象图。仔细一看,亚克力柱里是一颗颗的植物种子,似星空点点镶嵌于象征中国大地的五色夯土墙体中,以土为墨,描绘出一方诗意的水墨天地。

"仰观天象,俯察地理,中参人和。"这里的创意正是汲取了中国先民朴素的生态哲学观念。星象图、五色土和种子分别代表了天、地和生命,生生不息。

为了让夯土墙呈现出预想的水墨艺术效果,20多位工人们在艺术家和建筑工程师的指导下,手工捶打,一层一层夯实墙体。在每一个白天和夜间,铸就星空。

(二)贰 · 不认识的生僻字——天地人和

进入"天地人和"展厅,矗立中央的人手持禾苗的巨大青铜雕塑一定会立刻吸引观众的目光。知道这是什么字吗?

"图画天地,植草为艺"。在中国早期文明的代表殷商甲骨文中,就已经出现了花、草、圃、囿、果、木、林、森、禾等与植物相关的文字,尤其园艺的"艺"字生动记录了一个人屈膝种禾苗的场景,这正是该展厅"艺"字主题雕塑的创意来源。

知道"蒹葭"是什么植物吗?熟悉《诗经》的人怕也认不全环绕在雕塑四周的二十四种植物标本。

《诗经》三百余篇诗歌中,歌颂描述的植物就有100多种。"蒹葭苍苍,白露为霜",古人借花草传达的朦胧意境和情感,也抒发着人们最真切的故土乡情。为了保证信息准确,设计团队中具有历史学和考古学背景的校友张雯仔细将《诗经》中所描绘的植物进行提炼和梳理,选用了二十四种植物,涵盖观赏、器用、祭祀、药材、染料等类别,用亚克力浇铸成植物标本水晶块,辅以背景简拙的古人生活场景岩画,借意蕴优美的诗句表达先民对自然植物、园艺种植的朦胧认知与朴素情感,体现人与自然和谐共生的自然观。

（三）叁·动起来的苔藓画——四时景和

往前进入一条长长的走廊,右侧的动态"千里江山图"吸引了不少游客驻足。

这幅画卷以蓝绿色为主色调,层层勾勒,山水呼之欲出。看画中人们日出而作、日落而息,观众耳边还不时传来山涧瀑布的流水之声和房舍田间的鸡犬之声。

其实,这幅画是以永生苔藓作为材料,一点点粘上去,以植物为墨色,再现《千里江山图》经典画卷。中国传统的自然观、山水观、环境观、审美观在中国山水画中表现得淋漓尽致。结合科技手段,设计团队还对其进行动态光影演绎,配以唐宋诗词作解,描绘了古人在绿水青山之间闲适安详的生活场景,凸显"绿水青山就是金山银山"绿色发展观的文化源流。

（四）肆·展厅惊现"水帘洞"——山水和鸣

还没进去展厅,哗哗的流水声已经入耳。在室内展览中,竟有一处半露天的圆形庭院,水流倾斜而下,雾气蒸腾,好似仙境一般。

然而这样别具一格的展厅在原本的规划中只是一处普通的下沉露天庭院。一年前,张烈团队在完成了最初整体设计方案后,突然被告知中国馆室内使用规划改变,生态展厅由原来的一层挪至地下。展览空间大幅缩小,还有三分之一为室外场地。这意味着一切都要推翻重来！然而张烈并不气馁,认真分析研究,在十分复杂和不利的空间条件下,作出了全新的特色和亮点。山水和鸣展区就充分利用圆形下沉水院建筑空间特点进行设计,达到与外部景观相呼应的效果,仿佛与自然共享天地,和谐统一。

一半山来一半水。一侧"水院"重点展示中国园艺发展史上24件里程碑意义的重大事件和成果,另一侧"山厅"则介绍中国的特色珍稀植物,并展示《影响世界的中国植物》专题画作。"藏珍于山中。我们做了一个山峦叠翠的造型,给珍稀植物的一个很好的展示环境,这和我们中国传统的山水画的感觉也是一致的。"张烈介绍道,此处正昭示了山水林田湖草万物共生的生态整体观。

(五)伍 ·《富春山居图》的两幅"面孔"——春江风和

《富春山居图》有两幅?不通电时,水墨版跃然于眼前;再等几秒钟通电后,会惊奇地发现,玻璃背后是植物版的经典画卷,园艺元素贯穿了始终。艺术如何与科技完美融合,让两幅"画"同时在线呢?

"我们采取了调光玻璃的技术手段。"张烈介绍道。团队通过光影艺术手法,将植物的造型投影在一块类似于磨砂玻璃的介质上,用光影生动再现富春山居图的水墨意境。通过调光玻璃通断电时透明度的变化,让观众欣赏到光影描绘的画作,同时揭秘背后的实现过程。一通电,就呈现出一幅植物景观。"我们希望达到出其不意的效果。重点是光影的富春山居图和植物的艺术装置都应该是很具有观赏性的两种状态,这两种状态都是艺术品,这也是我们做创作的初衷。"

然而这短短几秒钟的艺术效果,却在设计之初差点被抛弃。博览会不是纯粹的艺术展,张烈还想把《富春山居图》的内容和故事呈现给观众。在确定使用植物元素再现《富士山居图》的基本目标后,深化设计和实验开始紧张地启动。主创团队包括美院校友王国彬、枣林等想了很多种办法,比如用植物粉末在亚克力材料上作画,或者用金属模拟植物状态等等,做了十来次实验后,初步确定了纯植物造型的方案。但是他们很快就发现,实际创作过程中的难度远远超过了预想。

被邀请来进行创作的校友郭子龙最初做出的两版植物光影造型都不太符合预期,虽然有水墨的气韵,但和《富春山居图》的画面相去甚远。而此时,距离截止时间只剩下不到一周。难道只能重新回到亚克力或者金属的方案吗?张烈动员身边的朋友们一起想办法,在推演了无数种其他的可能性之后,他终于做出了艰难的决定,还是要继续用纯植物来做造型,但要对植物的形态进行适当的规整和约束,而不能是自由的状态。"如果能实现全部用植物做出来的话,将会是很牛的一件事,也是最理想的一种状态,我们下定决心去挑战。因为用任何其他的材料来做,有可能做得更像富春山居图,但是就失去了我们用植物园艺来表达这幅画的初衷。"张烈说道。

压力也是动力。在最后时刻,大家加班加点,郭子龙几宿没睡,终于交出了满意的答卷——同时具有艺术性、观赏性和故事性的《富春山居图》植物艺术装置。

如果说《千里江山图》是从宏观层面反映对绿水青山和绿色发展的追求,那么与之相呼应的《富春山居图》则是着眼微观。设计团队巧妙利用科技手段,揭示水墨光影背后的"奥秘",给观众创造出乎意料的新奇体验,并以相关诗句为引,揭示中国山水画"可望、可行、可游、可居"的审美理想,和对充满诗情画意、天人合一的理想人居环境的追求。

（六）陆 · 一键穿越到古时——祥和逸居

从"春江风和"的长廊穿过,视野突然开阔起来,观众犹如步入画中。四周一会儿繁花似锦,一会儿落英缤纷,一会儿绿树成荫,一会儿雪花漫天。走过圆明园的四季,又是另外一番景象,在枝叶轻拂与花鸟呼吸的律动中,观众仿佛穿越时空,与十八学士或评茶,或谈诗,或论画。行人纷纷驻足,争相合影留念。

以《十八学士图》和圆明园盛景为代表题材,该厅采用创新的空间递进式全景影像,给观众带来深度的沉浸与穿越感,结合纱幔和光影,让观众体味"风拂花开,居士怡然"的风骨气韵,从文人居所到皇家园林的生态之趣中,从春夏秋冬的四季变换中,感受园艺与生活的紧密结合,表现古人对理想人居环境的追求,凸显良好的生态环境就是最普惠的民生福祉。

特别值得一提的是,圆明园四时景图的指导团队正是对圆明园进行数字化复原的清华大学建筑学院教授郭黛姮团队。张烈认为,圆明园作为皇家园林,在规模上、规格上和技术上等各方面都代表了古代园艺发展的巅峰。这里选取了圆明园里最具有代表性的植物景观,通过数字化的手法,再现圆明园从冬到春四季的变化。

"为了实现浸入式的效果,我们做了步入式的多幕影像空间。"张烈介绍道,"四重空间中有两重使用了纱幕投影,它有半透明的效果,既能够呈现三维影像,又能够让大家看透这个空间,产生比较丰富的视觉感受。这样的空间效果也是我们和负责影像制作的清华美术学院副教授王之纲等多次碰撞出来的想法。"

　　听起来容易,实现起来可不简单。在四重空间的墙上和纱幕上循环播放的四分钟影片,是 30 多台投影仪同时运作下的作品。为了实现影片同步播放,他们使用了影像融合技术,经过开展前半个多月不断地调整和调试,最终使画面连续完整地播放。在展出期间,团队还必须不断调整画面,克服投影仪在重力等各方面因素影响下导致的画面偏移问题。在每一个游客离去的夜间和开馆前,他们是这方时空的守护者。

　　在第一重空间的墙上有一扇不时打开的暗门,只能容纳一人进出,这扇门后有什么秘密呢?请随我们继续游览,稍后揭秘!

(七)柒 · 巨幕后的秘密——和而共生

　　"一张蓝图绘到底"—— 和而共生展厅整个空间如一张蓝图折叠展开,观众犹如行走在蓝图之上,俯瞰青山绿水,生机盎然,身旁就是祖国的大好河山。从鲁家村到塞罕坝,从长城到长白山,一幕一幕中国当代生态文明保护和建设的重大成就景象跃然眼前,阐发新时代推进生态文明建设的方向,申明中国"和谐共存"的生态责任感与"海纳百川"的全球共赢观。

　　为了呈现当代中国生态保护和建设的这 12 个典型案例,创作团队亲赴现场,短短几个月内,跋山涉水,拍摄了珍贵的全景影像资料,建立三维模型,制作了两条同时播放的 1∶10 超长比例、超大画幅的影片。

　　当观众在"崇山峻岭"之间漫步时,是否注意到了影片背后多边形的背景墙呢?倾斜近 45 度的墙体和"祥和逸居"展厅垂直的背景墙构成了一个狭小的空间,入口就是那处小小的暗门。门后是一个与美轮美奂的展厅迥然不同的世界。

　　昏暗的灯光照着两张方桌搭建的工作台,上面摆放着正在工作的电脑,工作人员随时检查旁边主机的运行,这关系到 85 台投影仪能否正常运转。人多时,地上的油漆桶和木板就代替了凳子。灯光无法触及的地方还摆放着两张床,困了的人就在这里稍事休息。但是张烈很少在这里休息,在每一个工期紧张的夜晚,他都是整晚穿梭在场馆里,督促工程进度,沟通指导布展。"最难捱的是冬天。春节大家还在这边,场馆里一开始没有暖气,非常冷。"张烈笑着谈道。

　　临近开展前的一个月是他们最忙碌的时候,小屋里的人进进出出,更多的时候是在场馆内不停地走动布展。一位工作人员说:"不走 3 万步,都不好意思说自己今天走路了。"

一个个创意和想法从这里产生,张烈带领着团队有条不紊地为世界呈现了这场从无到有的"魔术盛宴"。

张烈说:"能在这样一个国际最高级别的园艺博览会,同时也是国家重大的主场外交场合中留下自己的作品,我感到非常荣幸,也非常幸运。从酝酿、设计到实施经历了三四年的时间,可以算是我设计生涯当中,到目前为止最重要的一个作品,也是我几十年的学习和从业经验中倾注了最多心血和最多灵感的一个地方。如何把信息量巨大的知识内容在九幕的空间里呈现? 怎么从庞杂的信息中抽取要点? 怎么通过舞台切换的方式,让人在空间当中行走时受到预设的情绪引导? 在这里,我们用了许多新媒体的手段,把传统的和现代的、艺术的和科技的展览和园艺做了很好的结合,这是我所满意的也是收获最大的地方。"

"还要特别感谢在这个过程中一直指导和帮助我们的专家们,包括清华大学的鲁晓波教授、张慕萍教授,北京林业大学的刘燕教授、高亦珂教授等,以及北京植物园、北林科技和国杰研究院等单位的专家们,他们给了我们非常重要的指导意见,提供了许多重要的素材,帮助我们把握好设计方向,使我们的工作能够顺利有效地开展。"

二、王府井新华书店展示空间设计

有人说国潮兴起是文化自信的象征。上一分钟 Z 世代们在家刷着李子柒的视频,下一秒就可以看到有人穿汉服在逛街,和三五好友手走进故宫文创有说有笑……Z 世代的消费者,不以国外的风格为"潮"的风向标,而认为融入了中国本土元素的设计风格、个性思想及生活态度的品牌更值得推崇。

新华书店设计

书店 + 国潮 = ?

按照这种趋势,这股国潮风将蔓延到新华书店,毕竟这是一个伴随一代又一代人成长的阅读品牌。当新华书店与"国潮"发生点关系,他们离 Z 世代的"饭圈"还远吗? 王府井新华书店,豪镁最新设计作品,邀你抢先品味书店"国潮风"!

本项目位于北京市东城区王府井大街,书店坐落在王府井商业步行街南口,毗邻东方广场。

未来,王府井商业街区发展的愿景是:跻身国际十大商业街,向世界展示中国最具代表性的商业形象;打造全新的体验式消费链条,成为商业文化旅游首选地。

王府井书店转型升级的定位是:国际范、时尚港、北京味、文化韵。

旧的空间和商业格局已无法满足城市新一代居民的文化生活,更无法承载书店转型升级大潮下,人们对这片文化热土的未来想象力。

且看王府井新华书店如何将北京味演绎得时尚而国际化!

（一）大厅

大厅设计融合了天坛建筑轮廓,作为入口的视觉亮点,利用数根木格栅经过"斗拱式"几何排布演绎"星光",展现北京地标建筑之美;

此设计之巧妙,在于融进了三种设计构思:其一,整体引入建筑轮廓,即天坛元素;其二,内环则是天井造型,似无声讲述着王府井的传说;其三,外围以星光荟萃为点缀,予人步入穹顶之下的仪式感。

（二）收银台

以天井为创意,虽简约,但在材质、色彩、轮廓、线条,乃至叠加尺度把握上总体创新,设计理念以王府井故事为原点,以书籍为桥梁,用更多的创意语言搭建丰富多变的场景空间。

（三）国风馆

鱼鳞纹为设计元素,水墨砖石为材质,融进建筑四周,体现北京民风民俗;传统元素与现代材质的融合,即运用玻璃材质与宫灯灯饰,示意最北京与最潮流融合碰撞的设计主张。

中国古建筑共有的卯榫结构作为设计母体,体现在天花灯饰和创意展台上。

北京老胡同为剪影嵌入墙面,慢慢展开的一幅巨大的老北京生活画卷,建筑结构的拼接既是对经典的传承,也是对未来的创新。

（四）展区设计

1. 主题展示区

从北京市民们走街串巷场景得到灵感，提取"屋檐"元素与书架融为一体，记录着王府井书店的发展历程照片，在书香气与历史感碰撞下，王府井书店开启了全新的旅程。其设计特点如下。

（1）北京折扇元素，京味十足。

（2）用当代语言诠释东方元素，营造令人深刻的主题印象。

（3）展区以具象的折扇构造视觉中心点，天花和圆柱提炼扇骨形态延展以形成连贯空间。

2. 中国文学区与外国文学区

中国文学区设计特点如下。

（1）天花以东方折扇，圆柱以竹简书卷元素演绎卷帙浩繁之书香韵味。

（2）既有传统文化里的京韵雅趣，也有现代生活方式的奇思妙想。

外国文学区设计特点如下。

（1）市井小巷、一墙一砖、屋檐瓦砾，都是城市宏大或微小的印记。

（2）飞檐应用于书架展台、导视、分类牌等，从细节处体现北京韵。

（3）瓦砾将它放大后作为联系柱子的元素，巧妙化解了场地柱子过多这一建筑缺点。

（4）"飞檐"导视牌遍布在书店空间的每个角落。

（5）醒目，主题突出，趣味性。

文化是一座城市的独特印记，更是潮流的起源。在快节奏的现代化城市发展中，那些因文化而生，又在时代浪潮中不断自我重塑的王府井书店，不断寻溯着北京城的味道，书写、记录和传达城市的气质，并深刻影响着每一个在此生活的人。

第六章
商业空间展示设计

商业空间展示的主要作用是吸引游客或消费者,并通过创造一个有吸引力的环境来促进销售,这可以通过视觉效果、声音、气味、触感和其他感官效果来实现。商业空间展示还可以帮助提升品牌的形象,使消费者对品牌产生好感,这可以通过使用品牌的色彩、标识和其他设计元素来实现。本章将对商业空间展示设计展开论述。

第一节　商业空间展示设计概述

一、商业空间展示设计的释义

商业空间展示设计是指在商业空间(例如商场、商店、博物馆或展览馆)中规划和布置空间,以吸引游客或消费者并促进销售的过程。这种设计可以通过各种方式来增强游客的体验,包括视觉效果、声音、气味、触感和其他感官效果。设计师可以使用各种工具,如色彩、灯光、视觉效果、空间布局、材料和图形来实现这一目的。

商业空间展示设计可以在各种商业场所中使用,包括零售店、博物馆、展览中心、商场和展会。它的目的是吸引游客或消费者,并通过创造吸引人的环境来提升销售额。

二、商业空间展示设计的作用及类型

商业空间展示可以通过让消费者体验产品或服务来促进销售。例如,在商店中展示产品的样品,让消费者体验产品的质量和使用方法,可以提高他们的购买意向。商业空间展示的作用是为了吸引消费者,提升品牌形象,并通过提供一个有吸引力的环境来促进销售。正确的商业空间展示设计可以帮助企业实现以下目标。

(1)吸引消费者:通过创造有吸引力的环境,可以吸引更多的消费者进入商店或商场。

(2)提升品牌形象:通过使用品牌的色彩、标识和其他设计元素,可以提升品牌的形象,使消费者对品牌产生好感。

(3)促进销售:通过让消费者体验产品或服务,可以提高他们的购买意向,从而促进销售。

(4)提升客户体验:通过创造舒适和愉悦的环境,可以使消费者在购物时感到更加愉悦。

（5）帮助提高商店或商场的效率：通过合理的布局和规划，可以使消费者在商店或商场中流动得更顺畅，提高效率。

总之，正确的商业空间展示设计可以为企业带来许多益处，因此许多企业都会重视这一方面的工作。

第二节　商业空间展示详细设计与功能配置

一、商业空间展示设计中的空间设计要领

（一）空间的布局与组织

空间布局是指所有物体在三维空间中的相对位置，内部空间如何组织是指几个独立的空间如何相互连接。空间组织方式应根据各独立空间的特点和功能要求确定。处理好独立空间之间的关系，将所有空间按照功能联系有机地连接起来，形成一个完整的室内空间系统。

1. 空间布局设计

空间布局是指室内空间的整体布局，包括空间布局和通道布局两部分。最初的内部空间布局只考虑了它的空间分隔，但随着社会的发展，人们对生活品质的要求越来越高，这就要求内部空间的布局具有多种功能分区，能够满足人们的生活需求。各区域功能不同，呈现出多元化的发展态势。这种趋势也改变了居住在其中的人们的关系。

布局分类主要有以下几种。

（1）平面布局。平面图是建筑平面布置图的简明图形形式，用于表示平面建筑物、构筑物、固定装置、道具等的相对位置。平面图常用的绘制方法是平面模型布置法。

（2）功能布置：将动态与静态、公共与私密等不同需求的空间进行分类布置，并根据各空间的特殊需求综合分析考虑，以不同的功能区分空间。

（3）流线型布局：内部空间的流线要"顺"而不乱。所谓"顺"，就

是导向明确,过渡空间充足,区域布局合理。在设计过程中,可以通过草图分析内部流线,模拟房间内不同人和物的路线,看是否交叉,是否顺畅。

2.空间的组织设计

(1)线性组合:将具有相同或相似空间体积或功能特性的空间按线性方式排列,本质上是一个空间序列。

(2)组团组织:各个空间之间紧密相关,这种组合没有明显的主从关系。

(3)集中组织。一个非常稳定的向心构图由一个主要的中心空间和一些次要空间组成;中心空间是主要空间,次要空间聚集在它的周围。中心空间一般具有规整、相对稳定的形态,规模要足够大,让次级空间集中围绕,统领次级空间,在整体形态中占据主导地位。次级空间的功能、形式和大小组合起来可以相互等效,形成一个具有规则几何形式和两个或多个对称轴的整体形状。与主空间相比,次要空间的规模较小。

(二)空间的生成与建构

1.空间的生成

空间是物质存在的一种形式,具有历史性、社会性和实践性。人类在不同的发展阶段使用、生产、建构、创造各种空间形态。它不仅包括人类之前存在的物质、能量、信息和生活空间,还包括人类创造的社会空间、精神空间、理论空间、文化空间、客观空间和虚拟空间。

(1)并列建构

并列建构是一种重要的形态学度量,可以将两条或多条信息组合起来,以表明它们之间的关系(是否同等重要或有主次之分)。并列结构可以是词与词并列、词组与词组并列或从句与从句并列。关于并行项的数量,并行结构可以由双项或多项组成。

(2)空间并列关系

并列关系是形式逻辑术语,定义为在文章中,层次、段落、语句、词组都可呈并列状态,并列状态只有前后之分,而无主次之分。并列空间是两个或多个相似空间的并列,地位同等,不分先后。并列空间建构有连接式、接触式、集中式、串联式、放射式、群集式和网格式等类型。图6-1所示为空间并列分析图。

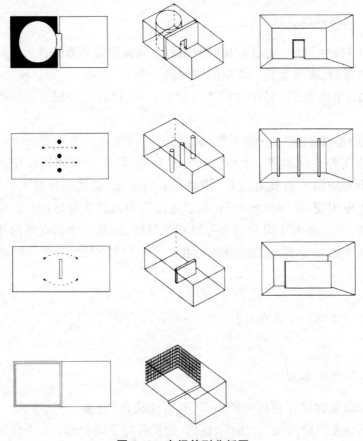

图 6-1　空间并列分析图

2. 空间的次序建构

次序,依次排列的顺序。次序结构是最简单的程序结构,也是最常用的程序结构,按照想要解决问题的顺序编写相应的指令即可,它的执行顺序是自上而下。

空间顺序关系是指根据事物之间的关系或事物中各部分之间的关系来确定解释内容的顺序。事物之间的关系虽然复杂,但总有主次之分、因果之分、普遍与个别之分、普遍与特殊之分。空间秩序的构建包括重叠式、包容式、序列式和等级式。

二、商业空间展示设计的步骤与原则

（一）商业空间展示设计的步骤

商业空间展示设计的步骤归纳起来主要有以下几点。

（1）确定展示的目的：需要确定展示的目的是什么，可能包括吸引客户、增加销售、提升品牌形象等。

（2）调研目标受众：了解目标受众的喜好和需求有助于设计更吸引人的展示。可以通过调查、访谈或观察来了解目标受众。

（3）制订展示计划：根据目标和受众，制订一个详细的展示计划。应包括展示的内容、布局、视觉元素、互动元素等。

（4）选择展示场地：根据展示计划，选择合适的展示场地。可能是一个商场、展馆、商店或其他场所。

（5）设计展示布局：根据展示计划，设计展示的布局。应该考虑到展品的大小、位置、组合方式等因素。

（6）选择展示视觉元素：为了吸引受众的眼球，应该选择合适的视觉元素，如颜色、图像、字体等。

（7）考虑互动元素：为了增加展示的互动性，可以考虑添加一些互动元素，如触摸屏、游戏、互动展板等。

（8）安装展示：根据展示计划，安装展示布局和所有相关元素，可能需要聘请专业人员来帮助。

（9）测试展示：在安装完成后，应该测试展示，以确保一切正常，包括测试互动元素的功能、检查展品的状态等。

（10）评估展示的效果：在展示进行一段时间后，应该评估它的效果。可以通过观察受众的反应、调查客户的满意度等方式来完成。

（二）商业空间展示设计的原则

1. 合理的布局

商业空间展示设计的布局应该合理，使得受众能够轻松浏览展品。合理的布局是设计商业空间展示的重要因素。合理布局商业空间展示设计主要有以下几点。

（1）规划流线型布局：流线型布局可以让受众自然地浏览展示。可以规划一条明确的道路，让受众沿着这条道路浏览展示。

（2）分组展示品：可以把展品分成几组，以便于受众浏览。每组展品应该有一个主题或相关性。

（3）考虑空间限制：在布局时，应该考虑空间的限制，确保展示品能够得到充分展示，同时又不会拥挤。

（4）考虑视线：应该考虑展示品的视线，确保展品能够被受众看到。

（5）使用视觉重心：视觉重心是指人眼会自然地聚焦的地方。可以使用视觉重心来吸引受众的注意力。

2. 真实性

为了在商业空间博览会的设计中最大限度地吸引顾客，需要充分发挥设计师的创作天赋和丰富的想象力，创造出一种标新立异的审美形象。同时，商业空间展览的设计必须注重审美创作的真实性，即所提供的信息必须准确，不夸张，不虚张声势，这也是现代商业空间展览设计中的一个关键问题。否则，不仅会失去信誉，违反职业道德，还会引起消费者心理上的不信任和仇恨。美国商界的八个广告信条中有五个与真实性有关，即强调事实、不勾引、价格真实、不夸张、诚实推荐等等。

同时，强调商业空间展示设计的真实性并不意味着否定表现手法的丰富性。相反，要激发人的情感，调动购买欲望，就要注意表现手段的独特性、丰富性和创新性。

3. 具有视觉吸引力

商业空间展示设计应该具有视觉吸引力，视觉吸引力是设计商业空间展示的重要因素，能够吸引受众的眼球，增强展示的效果。商业空间展示设计具有视觉吸引力可以考虑以下几点。

（1）选择合适的色彩：色彩是吸引人眼球的重要因素。可以使用视觉吸引力强的色彩，如红色、黄色等，或者根据品牌色彩进行设计。

（2）使用合适的图像：图像也可以吸引人眼球。可以使用吸引人眼球的图像，如生动的摄影或艺术图像等。

（3）考虑字体：字体也是一个重要的视觉元素。可以使用吸引人眼球的字体,如海报字体或特殊字体等。

（4）使用视觉重心：视觉重心是指人眼会自然地聚焦的地方。可以使用视觉重心来吸引受众的注意力。

（5）考虑空间的比例：空间的比例也可以影响视觉吸引力。可以使用比例协调的布局,使整个展示看起来更加美观。

4. 时代感与民族感

商品是一定社会生产力和科技发展水平的产物,它基本上体现了历史的演进和人类社会的进步。因此,陈列设计作为商品与消费者之间的信息载体,也必须具有鲜明的时代特征。

具体来说,现代商业空间的陈列设计是利用人类社会先进的科学技术和现代商业管理方法,利用工业化社会大生产带来的便利的物质条件,创造通过各种传播媒介的陈列,改变陈列的形象,传播效果,补充商业类媒体的策划,进而以全新的产品概念改变顾客的购买心理,使消费者可以在呈现形式的影响下有机地选择产品。实践证明,相对成功的设计往往具有高强度的刺激或非传统的形式感,以适应先进技术和现代人生活方式所定义的高度情感,从而灌输审美意识。没有时间的设计是没有视觉冲击力的,所以不容易吸引人,不被人注意。

需要强调的是,在强调商业空间当代设计的同时,也不能忽视其民族风格。因为特定的地理、气候等生活环境因素造就了每个民族独特的生活习惯和对图形、色彩、自然物体、数字等的独特情感反应,形成了一定的审美刻板印象。因此,在设计零售空间陈列时,应进行定向分析,以满足特定消费群体的审美和物质需求。

此外,商业空间设计对民族风格的重视还体现在对传统设计手法的传承和审美再创造上。这是因为传统的设计手法具有乡土气息和民俗风格,不仅以自身的审美取悦顾客,而且成为民族文化的象征。今天,不同地区、不同民族传统文化的多样性极大地促进了旅游文化的发展。为满足游客的观赏心理,设计师从艺术理念出发,运用传统的设计手法创作了"活人博物馆""仿古城市"等系列展览作品。这种表现形式采用了现代超现实主义"借实主义""移实主义"的手法,赋予民族传统以现代时尚之美,以其独特的手法吸引了无数国内外游客。此外,其传统的设计风格往往给人一种暗示：产品是一个历史悠久的"老字号",由此可见其可贵和令人信服的品质。

5.关注细节

商业空间展示设计的细节应该精心设计,以确保整体效果美观。关注细节是设计商业空间展示的重要因素,能够使展示看起来更加精致。商业空间展示设计关注细节可以考虑以下几个方面的因素。

（1）考虑展示品的外观：展示品的外观应该精心设计,使其看起来更加美观。

（2）考虑展示品的状态：展示品的状态应该保持良好,避免损坏或磨损。

（3）考虑展示品的标签：展示品的标签应该清晰易读,并应包含有用的信息。

（4）考虑展示品的陈列方式：展示品的陈列方式应该精心设计,使其看起来更加美观。

（5）考虑展示环境的整洁：展示环境应该保持整洁,使受众感觉舒适。可以定期打扫展示环境,确保一切保持干净。

（6）考虑展示品的摆放顺序：展示品的摆放顺序也是一个细节,可以根据展品的主题或相关性来规划摆放顺序。

（7）考虑展示的照明：展示的照明也是一个重要的细节,可以使用合适的照明,使展品看起来更加美观。

（8）考虑展示的声音：如果展示包含音频元素,也应该考虑声音的细节。可以调整声音的音量和清晰度,使其更加自然。

6.环境观念

商业空间的设计主要诉诸人的视觉和听觉感受,与人活动的环境密切相关。同时,它也是城市人文景观的一个重要方面,因此应充分强调其环境理念。商业空间博览会的设计存在于一个大的人—环境系统中,因此必须从具体项目的环境出发进行综合设计。需要综合考虑颜色、建筑、道路宽度和季节等环境特征,这在设计商店陈列、霓虹灯、海报广告和电子显示屏广告时尤为重要。从城市总体规划和环境美化的要求出发,对其设计提出一些统一的要求和规划,只有通过系统的规划设计,才能营造出丰富多彩的繁华街景,否则反而会有杂乱无章的感觉。

不幸的是,现代商业空间的绿色设计理念在一些国家或城市很差,再加上其他因素的干扰,造成了视觉污染。如杂乱无章的路牌、广告、店面和不良的城市规划、难看的园林雕塑、难看的建筑、蛛网般的电线等城市新病。结合目前城市人口密集、车辆拥堵的现状,人们在这种环境下感觉很不舒服。国外研究表明,色彩不和谐对人的身心健康造成的损害可使受害人的工作效率降低1%。心理学家认为,环境是一个包含情绪的视觉形象,对人的思维、情感、行为等具有很强的控制和调节作用,因此在商业空间展示设计中应充分强调环境理念,以全新设计理念策划和组织展示方案。

7. 可互动性

可互动性是设计商业空间展示的重要因素,使受众能够与展品互动。商业空间展示设计的可互动性可以从以下几个方面考虑。

(1)设计互动式展示品:可以设计互动式展示品,使受众能够与展品互动。例如,可以设计一个可以拆卸的模型,让受众能够自己拆卸并重新组装。

(2)设计互动式体验:可以设计互动式体验,使受众能够与展品互动。例如,可以设计一个虚拟现实体验,让受众能够自己体验。

(3)设计互动式应用:可以设计互动式应用,使受众能够与展品互动。例如,可以设计一个软件应用,让受众能够自己操作。

(4)设计互动式游戏:可以设计互动式游戏,使受众能够与展品互动。例如,可以设计一个解谜游戏,让受众能够自己解决难题。

8. 直接审美效应

实践表明,人们会在很短的时间内欣赏商业空间中展示的设计师物品。来去匆匆的行人,很少停下来看街道广告和店铺装饰。在商店里,顾客的目光常常被琳琅满目的商品所吸引,这一切都给商业空间的设计者提出了一个尖锐的问题,即如何在最短的时间内传递最多的产品信息。因此,"时间最短、信息量最大"成为现代商业空间陈列设计要解决的主要问题。心理学研究表明,"直觉"的审美效果强调即时观察,根据过去的经验和理性对事物本质的直觉把握。这种瞬间的沉思是主体受到审美客体的刺激而产生的一种情绪反应,进而在主体的想象过程中产生主体与客体的相互作用,丰富客体的形象,并留下鲜明的印象。例如,广告设计应该让受众在直观的审美意义上获得产品的主要信息。

当代商业空间陈列设计对直观审美效果的追求和创造,不仅出于审美要求,更是为了节省人力、物力、财力和时间,以适应生活节奏、行为和现代人的审美情趣,让业主用最小的合理支出达到最佳的宣传目的,综上所述,对零售空间陈列设计直观审美效果的研究和应用将为零售空间陈列设计的发展打开更广阔的视野。

三、商业空间展示设计的可持续发展

可持续性是一个全球性话题,也是所有展会参与者和设计师的责任。盲目拆建不仅对环境影响巨大,还会造成环境负担加重、二氧化碳排放增加、温室效应加剧等问题,造成人力、物力的极大浪费。因此,无论是大型的永久性博物馆或美术馆,还是小型的短期展台项目或橱窗项目,都必须考虑环境因素。可喜的是,今天对可持续发展的认识已经不仅仅是基于 3R 标准,而是成为一种社会使命感和责任感的体现。甚至在一些展会上,展台的能源标准已经成为衡量是否具备参展资格的指标。

(一)模块化的再利用

目前,很多展台设计采用定制模块化组件的方式,使舱室可以不断循环利用,从而延长舱室的使用寿命,达到节约能源消耗的目的。比如在一个展会上,从材料送达到展品最终拆解,通常需要 4—5 天的时间,在如此紧迫的时间里,要高效、快速、有序地进行展品设计,着实不易。金属桁架、标准化展品等最基础的全部采用标准化、异型化的方式,施工现场的大型施工可以通过单元的多种组合形成,大大提高了劳动效率,缩短了施工时间,确保最终质量。

德国电信展台的设计采用桁架搭建基本框架,并创造性地使用洋红色宽条布料包裹桁架,既围合了空间又提供了创新的视觉效果。布条的红、驾驶室白、桁架的黑,三色搭配营造出简洁醒目的空间环境,并且桁架和布料可以重复利用,成本也相应降低。

(二)绿色环保材料的应用

注重保护生态系统、依靠再生资源、保护环境和材料再利用等方式

被人们所支持和接受。设计师不仅要成为"低碳生活方式"的倡导者，更要为商业空间生态圈的良性循环做出贡献。

现代贸易展示过程造成的"光污染"和"空气污染"引起了人们的关注，因此设计师决定减少使用材料，例如一次性木制展品和化学黏合剂。环境保护不仅是一项义务，更是每一位设计师的使命和责任。

墨西哥著名设计师胡安·卡洛斯·鲍姆加特纳（Juan Carlos Baumgartner）是绿色建筑的倡导者，他在空间设计中通过废物的再利用来证明这一点，在办公项目中使用了 Volaris 航空公司的废物舱，不仅实现了废物的利用，而且提高了空间。他增加了激发创造力和想象力的优雅元素。

印度设计师卡兰·格罗弗（Karan Grover）设计了荷兰合作银行总部的会议室，大量使用环保、简洁的瓦楞纸板和日本纸作为建筑墙面装饰材料，营造出独特的视觉体验。会议室的墙壁上铺满了层层叠叠的瓦楞纸板，颜色和形状都像硬币，令人耳目一新。另一个大厅用半透明的日本纸包裹，包裹着天花板上的圆形天窗，营造出明亮自然的外观。

BIOBIZZ 是荷兰一家销售有机园艺产品的公司，为了使展台的设计符合公司的特色，强调新的企业形象，设计采用纸板、木材和织物等天然可回收材料，制作展台简洁清新。BIOBIZZ 标志形状的纸板圆顶悬挂在天花板上，即使从远处也能一目了然，易于识别。穹顶下的空间不仅可以展示各种产品，还可以让公众休息和互动。

（三）新型传播形式的采纳

随着社会科学技术的飞速发展，信息的传播越来越多地通过数字媒体进行。生动的图像和灵活的展示形式极大地提高了信息传播的效率，与实物展示形式相结合，切实节约了材料，减少了浪费。例如，虚拟现实（VR）技术已经可以虚拟出整个展示空间，没有任何实物，这种新兴技术必将改变人们生活的方方面面，也将挑战传统的展示设计。

说到展示设计，虚拟现实技术还是一个比较新的技术，缺点是成本高，实际运行成本也高，需要大量的技术支持。但从虚拟现实技术的角度和发展来看，这将是未来展示设计发展的一个重要方向。

四、卖场的设计

（一）区域的设计

商场的平面形态和空间布局多种多样,各经营者可根据自身实际情况和中长期市场开发规划,合理选择和设计功能布局。

由于受建筑结构等诸多因素的影响,购物中心的平面形态呈现出多种多样的平面布局。商场平面形状通常有几种类型,如图 6-2 所示。通常形状为长方形,贸易湾的深度（W）（D）=1：1.5 为佳。位于交店的商场,由于商场两侧临街,减少了展示墙,虽然从外到内的能见度较好,但很难营造商场内的氛围,也很难设计可移动线路,注意主、次干道的车流量。

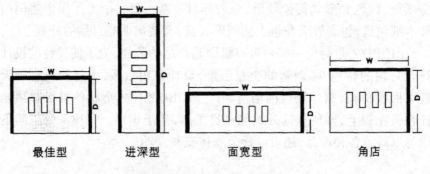

最佳型　　　进深型　　　面宽型　　　角店

图 6-2　商场平面形状示例图

购物中心的设计除了要考虑到画廊的图形特征外,还应根据顾客在画廊的购物过程和对产品的吸引、兴趣、兴奋、购买的顺序,按照设计思路,先大后小。首先,划分大的功能区,比如将商场划分为三个功能区:进口部分、商业部分和服务部分。其次,设计商场的主辅线,以及货架、道具和各部分的布置。

购物中心的表面划分应简洁合理,同时功能区应根据消费者心理,结合购物中心的特点相互影响。

（二）出入口设计

购物中心的开放和透明程度会唤起人们不同的视觉和心理感

受。因此,在设计商场出入口时,应根据品牌定位选择不同开敞度的出入口。

一般而言,中低档服装品牌的进出设计多为开放式,开口较大。主要是这些商场的客流量比较大,开放式的设计也比较实惠。同时,顾客在购物中心停留的时间相对较短,对环境的要求也相对较低。

对于中高价位的品牌,出入口大多设计为敞开式,开口较小。主要是因为这些品牌的产品附加值比较高,小的出入口设计可以过滤一些非品牌消费群体,为目标客户提供一个从容的购物环境,提供更贴心、更尊贵的服务。

此外,还应根据立面和飘窗的大小来考虑出入口的设计。对于门面较窄的单间和购物中心,宜采用开放式或半开放式结构,出入口采用半窗。通过这种方式,顾客可以获得更多关于商城产品的信息,并鼓励顾客进店。

位于大型百货公司或商场的店铺,在店铺出入口设计中,主通道的开启方向应指向消费群体的主通道,以吸引更多的顾客到店。

(三)通道设计

1.通道的类型

根据所经营的类型和商场面积的大小,商场通道可以划分为不同形状的通道形式,一般常见的有以下几种。

(1)直线形通道

基于线性主通道或单向主通道,然后帮助设计多个辅助通道。顾客的步态线沿着同一通道直线来回移动,一条直线通道通常始于商场入口,止于商场结账处。让客户在最短的队列中完成商品的购买行为。

(2)环绕形通道

环绕式过道布局、主要过道布局以动感的曲线形环绕整个购物中心,这种过道设计适用于营业面积比较大的商场。

周边通道方向性明显,通道方向直接将顾客引向商场主要区域,可实现消费导流,使顾客快速进入展示效果更好的边柜;提要简单多样,客户可以一一浏览购买。

（3）自由型通道

自由式过道设计有两种状态：首先，货架布置灵活，形式上按不规则路线分布；其次，商场空无一人，没有任何容器，顾客在商场内的浏览路径处于空置状态。免费通道方便顾客自由浏览，强调顾客在商场中的主体地位，不会局促实现销售。

2. 通道的设计原则

（1）便捷性原则

购物中心的出入口和通道设计应充分考虑进出顾客的便利性。过道要保持合理的尺度，使顾客更容易到达各个角落，避开商场的死角。

入口是商场过渡的起点，不同的入口尺度会给顾客不同的心理暗示。入口宽敞舒适，将顾客引导至入口处；狭窄的入口设计会影响顾客进店的意愿，错失顾客进入商场接触和购买产品的机会。

在通道设计中，必须先建立主通道和副通道。主通道是主要的步行路线和客户浏览路线，还要考虑人体的尺度和通过性。主通道的尺寸通常是考虑两个人正面顺畅通过的尺寸，一般为 120 ~ 180 厘米，最小为 90 厘米。确立次通道的目的是补充主通道的不足，方便顾客接触到更多的产品。尺寸一般为 60 ~ 150 厘米，最小为 60 厘米，最大为 150 厘米（图 6-3 ）。

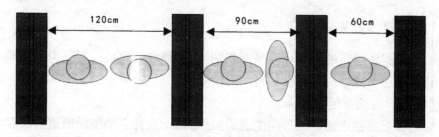

图 6-3　各种通道的尺寸

商场的通道设计还应考虑到顾客购物的空间。一些关键部位应留有足够的站立空间。因为商场的最终目的是让顾客接触到尽可能多的商品，实现尽可能多的销售。

（2）引导性原则

通道设计引导旨在通过合理的商场渠道布局，鼓励顾客按照设计师的设计路径行走，引导顾客到达商场设置的各个产品销售区域，让顾客充分探索所有商场，增加占用时间并实现产品的最高销售量。

（四）货架和道具设计

商场货架和道具的设计一般要整齐，一些元素可以相应改变。可以对货架的内部组合或高度进行更改，但要以受控且不要太杂乱的方式进行。高架货架应尽量沿墙放置，以充分利用商场空间。货架之间一定要有一定的关系，包括相邻货架和高低货架的组合，这样以后陈列的时候可以方便地创建一系列的销售件。除装饰柜外，尽量避免采用单柜形式的自排架高架，这样不利于后期连接冷冻立柱。首饰柜可放置在试衣间或收银台附近，增加协同消费。

（五）服务设施的设计

1.试衣区

试衣间和试衣镜的数量应根据产品的类别和位置而有所不同。试衣间的数量应与购物中心的客流强度相适应。通常至少有两个或更多。客流量大的品牌可能会有更多的试衣间；价格高、客流量低的品牌较少。试衣间的尺寸应让顾客在更衣时舒适地伸展四肢，通常长宽不小于1米。

试衣间通常位于商场的深处，一方面可以充分利用商场的空间，不阻塞商业通道，保证商品安全，另一方面可以引导顾客围绕整个商场，带来二次消费的可能。

试衣间和试衣镜前要留有足够的空间，还要给顾客、顾客伙伴和导购留出空间。布局要合理，使顾客在商场内分布均匀。

2.收银台

收银机不仅在商场中执行结算付款的功能，而且还控制着整个设施。收银台的设置应考虑到顾客的购物流程、支付安全、空间的合理利用、便于规划和控制整个商场的销售服务等多方面因素。它通常放置在商场的墙边，商场的另一半或可以看到整个商场的地方。

设置收银台，方便顾客快速付款结算。收银台前空间的设计因品牌定位不同而不同，预留空间也不同，应提前考虑营业高峰期顾客排队的情况。同时，为了增加销售额，可以在收银台附近放置一些促进销售的小饰品。

商场空间的设计是商场陈列的基础,商场空间的设计是否合理,将直接影响到后续商品的陈列和商场的销售。因此,在商场空间设计初期,提前进行全面细致的设计,才能真正起到销售支持的作用。

五、店面展示设计与装修

橱窗由店铺建筑的立面、广告招牌、店铺橱窗、内部空间的入口、材料的色彩和质地、灯光等组成,也是店铺外广场围护或店铺的主要视觉界面、主入口通道。店铺建筑是现代城市人文环境的重要组成部分,能直接体现城市的时代风貌。店铺陈列能直接反映店铺的经营特点、规模和个性特征、企业的品牌经营理念等根深蒂固的要素。它在整个商业环境乃至城市环境的规划、管理和设计中占有非常重要的地位。如今,店铺陈列和装修日益成为零售商在市场上提高竞争力、吸引顾客、增加销售额的重要手段。

（一）店面展示设计的表现手法

（1）请使用产品展示方式。直接通过实物或模型的展示,以逼真、新颖的视觉形象,达到吸引顾客的效果。可透过店铺橱窗、入口广告塔等投射,也可透过透明大玻璃门窗投射,展示店铺陈列场景。

（2）使用符号表达法。朴素的小店面或其他建筑形式,可以通过门牌、牌匾、霓虹灯等局部表现形式,体现店铺的品类和经营特点。

（3）使用产品图像表示方法。通过能表明店铺品类特征的产品形象模拟塑造店面,反映店铺的经营特点和品类。例如,一家摄影器材店成功地利用相机图像制作了店铺形象,让顾客一眼就能认出这是一家摄影器材店。

（4）使用符号表示。店铺的形象或色彩接管了商品外观的部分形象元素或与之相关的元素,以体现店铺的经营特点和品类。

（5）使用图案或雕塑表现形式。橱窗形象采用花纹的平面或立体装饰,也可在橱窗某处放置装饰雕刻,以表明店铺的经营主题和活动范围。肯德基快餐店入口处,有肯德基创始人的肖像雕塑,也是POP的一种广告形式。

（6）CIS——表达公司形象的统一方式。店面形象是规划的一部分，运用了企业品牌形象的标准图形、字体和色彩三大视觉元素，具有强烈的个性和强烈的视觉冲击力。美国的麦当劳和肯德基快餐店在全球范围内拥有相同的店面形象，是统一设计的具体体现。

（7）回归表达法。这是后现代主义的重要设计手法之一。可借用中国、日本、欧洲等传统建筑、服饰、厨具等文化图案，用来装点橱窗，即古色古香、仿洋设计风格。

（8）结构化表达方法。它是后现代派重要的高科技设计手法之一，其特点是运用现代工业的新材料、新结构和新工艺，构建线形框架店面形象，达到创新的视觉效果。

（9）几何构形的表现方法。利用几何原理构建和组织店面形象是现代店面设计中的一项重要技术。在商店橱窗设计中，所有视觉元素都是用颜色和形状创建的。对于设计元素的形状和颜色，形状通常比颜色重要得多，颜色只能起到吸引眼球的诱导作用，而形状是唤起人们心理美感的基础。店面设计的形态成分主要包括几何学中的"点、线、面、体"和"色彩肌理"，是一种运用多种"几何构型方法"的设计。在具体的应用中，设计师可以仔细考虑自身的生活经历、店铺营销特点、环境定位等因素。

（二）店面展示的实施

1. 店面展示方案图纸的绘制

绘制店面装修效果图和施工图，对于店面设计方案的概念化、提升和构建至关重要。设计师经过各方面的深思熟虑，将设计意图绘制在形象上，经过各方审核通过，最终成为装修施工方案。

橱窗装修施工图包括橱窗所在的墙面和立面的造型和色彩，屋檐、过梁和柱子的造型和色彩，橱窗的造型和构造，风格以及门的构造、招牌的形式和形象等。为了清楚地表达上述设计意图，橱窗施工图应着重于橱窗立面图，包括其比例构成、形象组织、结构形式、材料和工艺等。为了让读者更清楚地看到橱窗设计方案的内部结构，需要制作多张剖面图，但应在不同的施工位置制作剖面图，避免重复，力求详细信息。通常，店铺橱窗的剖面图与店铺内部的剖面图合并成一个统一的图形，但为了便于说明,也可以单独绘制。

2.店面招牌设计制作

招牌,顾名思义,就是挂在店铺门前,写明店铺名称的名牌。招牌是一种店铺招牌,是体现商业建筑形态和展示店铺橱窗效果的元素。通常,每家商店的正面和侧面都有标示其名称、业务线和规模的标志。标志在建立商店和商业声誉以及增加经济效益方面起着重要作用。享誉海内外的稻香村食品店、同仁堂大药房等传统老字号在顾客心目中享有很高的声誉,越来越多的顾客被其美誉所吸引。商界自古有"卖签"之说。

招牌设计制作要新颖醒目、简洁明了,以吸引顾客。其形式、规格和装配方式应多种多样,并根据店铺本身的特点设置合适的标志。它必须既引人注目又与整个商店设计融为一体。如果店面是传统的民族风格,招牌可以做成长方形的牌匾,请名人写下店名,雕刻成形状,牌匾底色为大漆。为方便顾客识别,可在楼顶设置立牌或立体招牌、霓虹灯或广告模型,增加视野。招牌的颜色要鲜艳,最好是单色。文字的颜色和标志的颜色要形成强烈的对比,强调文字的内容。招牌的材质有木板、有机玻璃、铝塑板、金属薄板(镀锌板、刚玉板)和型材。

六、橱窗展示设计与陈列

(一)橱窗的构造形式

由于建筑结构的不同,橱窗一般分为封闭式、半封闭式和敞开式三种形式。

1.封闭式

窗户后面是一块墙板,与商店形成一个独立的空间。临街一侧安装玻璃,舱壁一侧安装一扇可开启的小门,供工作人员进出。通常在顶部留有足够的散热孔或安装其他通风装置,以调节内部温度,保护陈列商品。大面积、综合性的商场应采取封闭的形式,通过商品陈列、灯光营造和处理不同的意境来展现商场的气派。

2.半封闭式

窗户的后部部分与商店隔热和半透明。有的结构只有固定的窗底,背面与店铺相连,在窗的 1/2 高度处安装水平金属条,用于悬挂窗帘,从正面展示商品。顾客不仅可以看到店外橱窗里的商品,还可以看到店内的景象。另一种形式是没有固定底座,只在橱窗内设置陈列道具,商品陈列在两侧,用栏杆或绳索隔开,顾客可以从街上和室内观看橱窗陈列和室内情况。观察陈列柜内部商品、陈列与店内外环境融为一体,虚实相映。

3.敞开式

窗户没有背板,直接与商业空间相通,透过大玻璃窗,可以从街道上看到整个商店。这种形式对店铺的陈列、商品的陈列和吸引顾客有特殊的影响,是一种新型的橱窗结构形式。近年来,国内各大城市的商业建筑设计和建造中均采用这种形式,已成为现代商业场所的主流。

(二)橱窗的设置

1.橱窗设置的原则

根据店铺的经营特点,建造合适规格和形式的橱窗:根据店铺的地理位置、建筑规模和环境,确定店铺正窗和侧窗的设计。协调环境,使结构和橱窗设施得到最大程度的提升,促进商品陈列,对美化店面、美化市容起到积极作用。

2.橱窗设置的形式

橱窗设置的形式一般有三种:一是两面临街橱窗,即商店两面临街,橱窗两面排开;二是单面临街橱窗,即商店一面临街,橱窗一面排开;三是三面临街橱窗,即商店三面临街,分三个临街的面平行排开的橱窗。

3. 橱窗设置的规格

由于商店的性质、规模不同,其橱窗的规格不一。大、中型商店橱窗的高度一般在 120 ~ 300 厘米,宽度 400 ~ 600 厘米;橱窗底部一般高出地面 30 ~ 80 厘米。

4. 橱窗避免眩光的方法

在阳光下,窗户的内部光线比外部光线弱,因此街上行人折射的光线在窗户的玻璃表面呈现反射,影响展示和传达效果。为避免这种情况,可采用以下方法:窗前加遮阳,增加窗内采光;窗户玻璃面的设计和安装非平面,使其具有一定的坡度;在前窗的人行道上种植树木阻挡外部投影的眩光,但这种形式会直接影响到远处顾客对场地的观看,尤其不适合店外的宽窗。

(三)橱窗展示设计

1. 橱窗展示的版面设计

窗后墙外露的假墙、隔断与平面设计密不可分,要将它们融为一体,需要掌握布局设计的基本原则。

网站版面设计应根据陈列商品的个性特点、内容的性质、陈列的主题和店铺陈列的整体效果来进行。版面组织要注意留有足够的空白,避免压抑感和阻塞感。应有利于建立话题,突出产品形象,避免压倒客人。版面的排列形式可根据实际需要归纳为规则形和不规则形两大类。

2. 橱窗展示陈列技法

(1)系统陈列法

系统陈列法在于在一个橱窗中同时显示多种类型的商品。产品的体积、规格、生产厂家、商标各不相同,但在使用上是有联系的。使用这种陈列方式可以帮助消费者系统地了解一款适合在正规商店店面陈列的产品。系统陈列法的表述方法可分为以下四种。

一是同质化和类似商品的系统展示。这意味着将同一类型的产品视为一个系列,不同颜色、规格和款式的产品在一个窗口中同时展示。

如果针织内衣作为系列橱窗陈列,可以将女装、男装和儿童针织内衣一起陈列。

二是同质异类商品的系统化呈现。这种形式主要是以原材料为原料生产的综合展示品,如以塑料为原料制造的产品,可以作为系列展示。

三是相似商品和不同商品的系统陈列。如鞋子、化妆品、电脑设备等商品的陈列。

四是多品种、多质量的系统展示。这是根据商品的用途组合,同时陈列几种商品。比如以雨具为主题的橱窗、以卫生用品为主题的橱窗就是这样的展示方式。

系统化的陈列法适用于各种卖场的橱窗陈列,尤其是活动范围广、图案色彩齐全的大型卖场。

（2）专题陈列法

专题陈列法也叫"综合陈列法",是指根据陈列主题的需要,在橱窗内组织陈列各种大大小小的商品。这是通过一个特定的主题,将原本互不相干、互不相关的商品聚集在一起,形成一个互动、协调的整体。专题介绍的方法可以从以下四个方面考虑。

一是从商品的用途上综合。例如,在一个主题为"夏令营"的橱窗中,童装、鞋帽、文具、球类等可以在一个橱窗中同时展示。

二是从商品的使用对象上综合。例如,以"儿童乐园"为主题的橱窗,可以同时展示童装、玩具、运动器材等相关物品,还可以装饰背景和窗户周围环境以达到迪斯尼乐园效果等。

三是从使用产品的地方合成。如"厨房用具"、食品和香料都可以作为展览的主题。餐具、厨具、家用电器等系统地陈列在橱窗里。为了增强展示效果,厨房展示柜还可以作为现代厨房的样板房。

四是从商品的使用情节来综合。比如橱窗里有一个"婚庆用品"展示柜,就可以把橱窗布置成婚礼现场。整个陈列环境以红色为基调,将床品、家具、家电、衣服、日用品等商品陈列在合适的空间内,给人足够的联想,激发顾客的购买欲望。

（3）特写陈列法

特写陈列法是指在整个橱窗中只展示一家公司的产品或某一特定品牌的产品,允许一个或多个位置。有时是单一品种一规格,有时是单一品种多规格。这种展示形式一方面传递信息,介绍产品,另一方面,将生产商与商标联系起来,扩大了生产商的影响力。该方式深受企业欢迎,也是现代橱窗展示发展的主流。此外,对于提高专卖店的美誉度、加深顾客的记忆也有重要作用。例如,一些店铺还通过在橱窗外露部分或橱窗特写的形式全年展示自己的标志,并且非常重视自己对形象的规划和展示,起到了非常积极的作用。

（4）季节性陈列法

大多数商店出售的产品都有淡季和旺季。设计师应该了解这条规律的具体细节,知道哪些产品应该在哪个季节和哪个月份展示。尤其是换季时,更要强调季节性氛围,给人耳目一新的感觉,创造新的消费需求,激发购买欲望。为突出季节气氛,除了选择合适的商品外,还需通过橱窗背景、道具、装饰、色彩、灯光等表现主题特色,传达季节气氛,从而产生强烈的吸引力。

（5）节日陈列法

节日陈列方式的主要特点是强调展会上浓厚的节日气氛。我国有很多节日,不同的节日有不同的卖货特点。因此,在店面中,除了要选择合适的商品外,还要充分考虑主题风格和陈列形式,以配合节日的相关特色,烘托节日气氛,促进店面的营销。

3. 橱窗展示道具设计

（1）橱窗展示道具的形态类别

橱窗展示的道具种类很多,归纳起来可以分为两大类:象形道具和抽象几何道具。

象形道具是根据产品的个性特征、使用对象和环境,以及销售季节,设计成特定自然物体形状的变体。比如化妆品展示橱窗采用鲜花和羊毛衫的变形,羊和雪花展示橱窗的使用。抽象的几何道具运用了各种简洁概括的几何形状,巧妙地变化,组合起来,给人以耳目一新的时代审美感受。新材料、新技术的大量使用缩短了现代橱窗展示的生产时间,提高了整体效率,创造了符合时代潮流的直观审美效果,提高了展示的吸引力和传播功能。

（2）展示道具的基本构成

简洁明了的几何造型是现代展柜道具的主流,点、线、面、体的几何构型是其基本构图的标志。点可以确定放置支撑形状在窗口总空间中的位置;线可以决定道具造型在橱窗总空间中的放置方向,或者水平、竖直或垂直、对角线、弧形等;面可以决定道具的基本造型或大小、长短、正方形等,接下来就可以确定道具的三维空间群等。通常,在规划一个具体的项目时,首先要确定构成通过加法、裁剪等方法形成的空间组合或拼装的基本元素和基本几何形状,然后指定连接方式(或先指定连接方式,再设计调整基本形状)。组合方式的建立是整个橱窗陈列的关键,在陈列主题的引导下,最能体现主题意图、突出产品特色、创造最佳陈列吸引力和传播效果的空间组合形式应该合理选择。常用的形式有以下几种。

①堆叠式。通过叠加、并置或延伸将具有相同或相似基本构件的形状组合而成的形式。

②悬挂式。以相同或相似的基本成分的形状,通过悬挂的方式组合而成的形式。插头组合,是将具有相同或相似基本构件的形状通过直接插入或连接的方式组合拼装而成的一种形式。

③框架式。它是由框架结构和货架组成的形式。

在确定了道具的基本形状和基本组合之后,制作了道具组的原型,最后一步就是整体构图,方法如下。

①梯度法。将同一实体组合成一个整体的方法,条件是逐渐改变大小、高度和宽度的比例。

②突变法。道具与造型的对比效果显著,是一种开创性、飞跃性的空间构成方式。

③中心视角。一种对称的构图方法,具有中心观点。

④综合法。综合运用多种形式手段的方法。

七、店内、店外及展具设计——以服装为例

(一)店内设计

店内设计是指在各类商场、专卖店和其他商业零售空间内的产品展示和促销广告的设计。由于服装产品的特殊性,销售空间要开阔,室内设计和产品陈列要协调统一,陈列和陈列方式要与店内产品的风格相一致。灯光、货架、货柜、展台、柜台等应方便顾客使用,POP布置应醒目,与整个空间协调统一。店面设计和布局可以直接影响零售竞争的成败。

1. 流线的设计

流线型，又称"动线"，是指人体正常活动的线。提升销售面积的主要设计要点如下所述。

（1）商业空间的人流应设计成环状结构，不得中断流动，造成人流往返，导致拥堵。

（2）大型门店在组织垂直运动时，要注意寻找最佳节点，使人流上下自然方便，自然流动。

（3）过长的商业流线会让人产生厌倦而放弃浏览，因此"精彩点"的合理布局极为重要。在过长的流线中间、流线的拐角处、零售空间的过渡区布置精彩点，起到调节服务对象心理的作用。

2. 店内的空间布置

现代零售空间提倡以设计的艺术创造不同风格的店面环境，如幽默、震撼、优雅、温馨、质朴等。利用空间对人的心理影响来传递信息，影响消费者的购买行为。空间的利用和区域的划分，不仅影响商品的陈列效果，而且直接影响商品的销售。以服装陈列为例，空间的设计要充分考虑产品与顾客之间的距离，这样既可以从远处看到服装的整体效果，又可以走近观看服装的表现，感受面料的质感和服装辅料的细节。

根据这一原则，设计师可以用展台、展柜、扶手、招牌、花坛、家具等来划分店内的空间，或者用木质和轻质材料来划分封闭空间，用玻璃来划分透明空间。房间内天花的造型、地板或地毯的色块，也起到划分空间和标示路径的作用。商品品类划分的陈列区、方便顾客试穿或小憩的区域、出入口通道等，既要兼顾功能性，又要兼顾艺术性。例如，通过窗户，商店空间由螺旋楼梯延伸。

3. 店内的照明设计

照明也是产品呈现给客户的方式，照明设计旨在为客户提供视觉和心理暗示。设计师根据环境和产品的具体要求选择特定的灯具。通过控制色彩、明暗和光线的角度，可以提升产品的形象，体现产品的本质，掠夺顾客的眼球，吸引顾客光顾。

（1）店内照明设计的步骤

照明设计的步骤主要体现在以下几个方面。

①想法。概念性因素包括建筑结构、商店特色、产品特性、品牌文化、预算计划和业主要求。

②布局。确定照明概念,根据空间设计进行照明布局,定义每个区域。

③灯光设计。根据预算确定照明方式、区域照度和灯具光源的选择。

④实施项目。用照明软件计算照度,确定并调整灯的数量和照度。

（2）店内照明设计的注意事项

店内照明设计的注意事项主要体现在以下几个方面。

①在商业空间中,灯光布置必须方便顾客参观和购买,灯光应起到引导和照明的作用。

②在商业空间中,虽然少数房间的灯光布置肯定比大量空间的灯光布置要好,但设计师还是需要在灯具的数量和柔和度之间找到一个平衡点。设计师可以使用显色性好的光源,利用光源的颜色来调节空间效果。

③灯光设计最重要的功能之一就是引人注目,为了在众多商业空间中脱颖而出,必须采用特殊的照明方式和照明灯具,如彩色 LED、频闪灯、激光灯等。

④陈列商品时应主要考虑立面的采光效果。在设计照明时,尽量避免过于集中的光线向下照射。使用能产生足够漫反射的下射光,可以得到很好的垂直照明效果。

⑤对于商业空间,还需要使用带电池的灯具作为应急备用照明。应急灯具可以在发生火灾、安全或简单的电源故障时自动打开。

⑥以环境照明为基础,对重点产品采用重点照明,吸引顾客眼球。

4. 店内的道具设施与设计

商业空间中的主体地位被物件和陈列柜所占据,不仅是支撑产品和划分空间,更重要的是营造与产品品质相符的氛围,营造独特的购物环境。服装店的基本设备有灯具、展示架、灯杆、立杆、平台、桌椅等,道具有人体模特、布料、彩旗、海报、装饰品等。道具和工具的设计应体现灵活性和可变性,易于更改、组合和重用,不仅可以降低成本,而且可以随着产品的不断变化及时进行更改。

这里我们以展示柜的设计为例进行分析。展柜是服装店中最重要的道具之一,设计师必须运用各种表现形式和装潢手法来展示产品。展柜主要有以下三种布置形式。

（1）贴墙式。贴墙式是沿墙面形状贴墙排列。

（2）岛屿式。岛屿式是在卖场的中间独立而完整的展柜设置或由几个柜台围合而成。

（3）自由式。根据设计的流线和商品的特征灵活布置，轻松随意的布置要避免凌乱。

5.店内的色彩与色调设计

服装店色彩的运用和色调的营造，应从营销的角度探索其商业属性。对消费者的情感和心理因素进行广泛而深入的分析，可以美化商店的形象。国内知名品牌"例外"（EXCEPTION），其服装面料以亚麻为主，这也是为什么其店面也呈现了米色、灰色和棕色的一贯配色，对于"例外"来说，每一个小细节都很重要，代表了艺术体验。虽然店内没有鲜艳的色彩，但路过的人却能感觉到平静，没有刻意的招揽。

6.店内的图文与音像

店内的招牌、POP广告、信息板、产品目录等，利用图形化的视觉形象传播信息，让顾客利用详细的插图和说明，轻松到达不同区域，快速找到他们要找的东西。作为购物指南，它以简单快捷的方式推广新产品或特价商品。在服装店陈列设计中，音乐和动态图像可以吸引顾客的注意力，调节顾客的情绪和兴趣，有助于商品的销售。店内飘荡的背景音乐可以缓解顾客的疲劳，让他们的购物体验更加轻松愉快。

简言之，视觉、听觉和触觉是消费者购物时的生理体验，运用恰当的陈列设计元素，在店面空间营造出全方位的购物体验，体现了现代陈列设计师的多才多艺，也是一种能够从市场竞争中脱颖而出的方式。

（二）店外设计

1.外观设计

服装店的建筑外观体现了企业的地位和店主的身份，也反映了服装品牌的地位和风格。这是对店铺的整体印象，通常能体现店铺的档次和个性。从整体风格来看，可分为现代风格和传统风格。

时尚逐渐成为潮流的代名词,具有现代风格的时装店的出现,更能起到引领潮流、传递时尚气息的作用。大多数精品店都采用现代设计风格,以激发大多数具有时尚意识的消费者。如果商店位于繁华的购物区,附近的零售空间通常会保持现代风格,以营造和谐的效果。在时尚潮流的今天,店铺的现代设计能够给人时尚、现代的视觉体验,服饰的潮流也能体现在店铺的外观上。

根据不同的时尚风格,一些以典型民族风格经营的传统老字号和服装店,普遍采用传统民族风格的外观,这样的装潢能给人直观的引导和简单的心理感受。例如,品牌"御"采用了符合其产品风格的传统店面装修风格。还有影响中国乃至世界各国的传统老字号,其外观和装潢在消费者心目中形成了永久的格局,因此采用其传统的外观和风格更能吸引顾客。如果服装店位于仿古街等商业区,虽然不经营传统款式的服装,但也可以根据周围环境的需要,采用传统风格的店面设计。与 LV 服装店的外观相似,暖黄色的灯光时尚舒适,增添了城市的韵味。

2. 店名和品牌标志的设计

这意味着店名和品牌标志是必不可少的,店名的含义是对产品概念的文字说明。国外服装店的名字几乎都是设计师自己的名字,店家也可以用店名注册品牌,即 store brands。比如世界著名的"迪奥""香奈儿"等服装品牌,他们的店名也是他们的服装品牌。随着服装市场的丰富和竞争的激烈,不同创意的店名层出不穷,很多服装设计师个人根据自己品牌的风格来创作自己的店名,在消费者心中产生了非常强烈的感情。例如,中国许多新兴服装品牌也纷纷效仿,以独特的店名吸引顾客。比如国民服装店七匹狼,店面就是以创立该服装品牌的七位年轻人命名的。在南方,男子被称为"郎"。品牌采用了"狼"的谐音和"狼"的魄力,现在它已经发展成为一个知名的服装品牌。

知名服装品牌的商标是消费者的购物指南。比如"阿玛尼""迪奥""普拉达",早已在消费者心中留下了深刻的烙印,获得了激励顾客的心理利益。迪奥品牌展示设计师应充分利用现有的品牌标识进行设计,营造与之相称的品牌氛围,彰显品牌的高贵与尊贵。

3. 招牌的设计

服装店的店面,无论空间的大小、高度,设计师的用意无非是一种吸睛和呼唤的表白。坚持艺术与功能相结合的原则,不仅要了解视觉艺术,还要了解消费者的购物心态和心理要求,同时明确服装品牌的概念和设计师的创意思路。在服装店面,一个招牌有时可以直接反映出该店的经营内容和产品风格。形象或内容与经营内容相一致的招牌,可以增加招牌的吸引力和店铺的辨识度。

招牌的设计和安装必须与周围环境和谐统一,必须别具一格,才能吸引顾客的眼球。标志本身就是一个具有特定含义的广告,好的标志设计和优秀的定位能够获得更多的关注和认可。一流的招牌要配上一流的霓虹灯招牌,让顾客在夜幕降临时很容易找到这个店铺,更重要的是让更多的潜在消费者发现并关注这个店铺。

总的来说,招牌的设计和装潢要兼顾招牌的形式、规格和安装方式,尽量做到多样、独特。它需要引人注目并与店面设计融为一体,给人以出色的观感。标牌的材质有很多种:木材、石材、金属、亚克力、有机玻璃等。安装方式可直接安装在店铺橱窗门上或装饰外墙上,也可放置或悬挂在室外商店橱窗。

例如,女装店要选择时尚感强、色彩醒目的招牌,男装店要以西装为主,比较正式的要选择严肃沉稳的招牌,童装店要选择活泼有趣、有跳跃感的招牌。

4. 店外的照明设计

(1)招牌的照明设计

当自然光不够时,可以用霓虹灯、LED灯和投影灯装饰招牌。霓虹灯不仅可以照亮招牌,增加夜间店铺的美感和辨识度,还可以用来营造气氛。霓虹灯可以有多种形状和颜色。为使招牌醒目,灯光颜色一般采用单色和红、绿、白等对比强烈,效果一定要醒目。还可以通过计算机控制灯光的闪烁频率和图形变化,从而激活动态灯光效果并使标志更具吸引力。

(2)外部装饰灯照明设计

外部装饰灯照明设计是霓虹灯、LED灯、大型投光灯的延伸应用。霓虹灯和LED灯通常安装在店铺门前的街道上或店铺的墙壁上,主要是起到渲染和烘托气氛的作用。例如,许多店门都拉上了灯网,有的甚至用五颜六色的灯网装饰店前的树木；又如，制作各种多色造型灯来体现店面的经营内容，装点店面四周的墙壁或门前招牌。大幅面投影通常安装在地面和商店门前的灯笼上，照亮整个店面，营造独特的购物氛围和品牌联想。

（三）展具设计

1.展具设计的原则

在服装设计中，设计师的绝妙创意往往需要多个陈列道具的协同配合，才能达到展示商品和传递信息的目的。陈列道具不仅是陈列服装的必要媒介，其颜色、材质和造型往往也是影响陈列风格的重要因素。在设计展示服装的道具时，要注意以下规则。

（1）各种用途的陈列道具的比例应符合人体工程学的要求。

（2）服装展示道具的外观应满足实际展示的功能需要，便于展品展示，力求功能与形式的完美统一。

（3）陈列道具的设计要牢固可靠，一方面要保证展品的安全，另一方面也要保证顾客的安全。

（4）陈列道具的选择要得体、恰当。做好预算，控制成本，讲究经济实用的原则。应考虑陈列道具重复使用的可能性，尽可能避免生产一次性陈列道具。

（5）关注品牌文化和流行趋势。道具的造型、材质、色彩必须与品牌服装的风格和展品的特点相一致。

（6）道具必须是可扩展的。在现代服装零售中，品牌往往采取措施增加产量和降低成本，以实现更大的利润。逐步扩大营销区域，开设更多的直营店。一些品牌采取特许经营的形式。终端销售中的品牌形象要统一，经常使用统一的陈列道具。这就要求展示道具的设计要简洁、实用、可扩展。

2.衣架的设计方法

在服装陈列中，不同品类的服装都有相应功能的展示架。由于不同品牌的产品款式不同，衣架的设计在满足功能的情况下，在颜色和质地上可能也会有很多变化。例如，由跳跃色或金属色和树脂材料制成的衣架充满时尚风格,用于年轻前卫的服装;较贵的深色木衣架可以提升档次感,适用于高档服饰。衣架的设计除了要考虑到不同服装款式的款式特点外,还必须根据不同服装款式的陈列需要来设计。比如深 V 领或者开领的上衣,由于款式的特点,在制作和摆放的时候很容易滑掉,衣架的设计要特别注意防滑的效果,可以使用衣架臂上加防滑材料或加防滑垫,女裙吊带、背心等应使用带防滑挂钩的衣架,西裤、裙子应有裤子专用衣架。男士西装衣架的支臂要与人体的肩部结构相配合,这样衣服挂起来才不会变形。

3. 展架设计

(1)组装标准式展架常用的有球形接点式展架和八棱柱插接式展架。

①球形接点式展架

球形接点式展示架的特点是在球接头上规则排列 21 个螺孔,球接头通过可旋转可调的销钉连接固定在管状元件上,可以快速组装各种形状。通常展会上常用的这类展架的管件长度有 1000 毫米、500 毫米、350 毫米等不同规格。

在服装展示设计中,球形关节展示架还可以设计成各种形状,美化展示环境。该方法是根据需要的配色使用有色布料,有节奏地贴在造型面上的三角形、菱形等空间上,从而得到有色构图的效果。球头展示架以其丰富的设计和装配造型,装卸快捷方便而被广泛使用。

②八棱柱插接式展架

八棱柱展示架由八棱柱和平板片组成。八棱柱的各面上各有一个楔形槽,槽沿八棱柱的长度方向对齐。扁杆可固定在立柱上的任何位置立柱的八角形凹槽呈 45 度辐射状。连接立柱时,将夹紧的夹子插入楔形槽内,用专用钥匙打开夹子使其展开,锁紧在楔形插座中。平片两侧有展示板的凹槽,凹槽除了可以安装展示板外,还可以用来挂展品、饰品、反光板等。

八棱柱的长度一般为 2400 毫米,平片为 1920×960 毫米,1/4、1/2 弧形片规格为 1440 毫米左右。铝合金材质的八棱柱展示架,其特点是材质轻便,拆装方便,适用于服装架和大尺寸展示墙、隔断墙等的组装,但由于插入角度有限,不适合设计和组装复杂的形状,因此在服装展示设计中的应用范围相对较小。

（2）自由设计式展架

自由设计式展架的特点是具有更大的灵活性，更能体现决策者的意愿，更能体现陈列内容的风格和特点，能将陈列内容和陈列形式完美结合到最大程度，从而改善结果的显示。

自由式展示架避免了标准展示架的局限性，可以充分发挥自身的优势，在制造过程中设计尽可能简单，便于拆卸和运输。[①]

4. 展板的设计

用于服装展示的展板，根据模组要求，常见的展板尺寸有 600×900 毫米、600×1800 毫米、900×1800 毫米、1200×2400 毫米、2400×2400 毫米等规格。

根据功能需要，这些各种规格的展示板可以嵌入标准化的展示架或直立在地面上或悬挂在展示墙上，形成各种形式的展示板。还有一种用于分隔展示空间的展示板，起隔断墙、隔断墙的作用，常用作屏风、窗帘。用于分隔的显示板尺寸可以稍大一些，如宽度可以从 1500 毫米到 2400 毫米，长度可以从 2400 毫米到 3600 毫米。显示板的设计制造除了要考虑尺度之间的相互配合外，还要考虑自身的强度和平整度，显示板的内部骨架要有一定的强度，同时不能太厚以免安装不便和操作，会影响外观。

5. 展柜的设计

展柜是展示和存放商品的基本道具。同时，它还具有分隔空间的作用，在空间布置中也很常用。在现代陈列设计中，符合品牌定位和设计创意，树脂、无纺布等材料也随之出现。

桌柜通常有两种类型：平柜和角柜。台柜的高度通常为：平柜总高1050～1022 毫米，斜柜总高 1400 毫米左右，柜长 1200～1400 毫米。

展示柜的内部空间通常由金属展示架或木质层压板组成，给人一种亲切的氛围，方便顾客和卖家。现代服装销售终端也有陈列道具，去掉了传统展示柜的侧壁，只用钢链和木层，更加简洁方便，特别适合面积比较小的服装店。

---

① 自由设计式展架其形式和规格可根据需要而定，展架的跨度可从 3000 毫米至6000 毫米不等，甚至还要更大，高度也可从 2500 毫米的基本高度往上至 8000 毫米左右。其造型不受任何约束，可设计出适合需要的各种形态。

第三节　商业空间展示设计实例

一、Possi 冰激凌店

全新 Possi Ice Cream Parlour 的理念是回归 20 世纪 50 和 60 年代的精神，具有典型的海边风格：柔和的色彩、几何形状、自然的海边风格。设计师的意图是以非文字和现代的方式重新体验童年的情感，使用适当的设计元素，如老式冰棒形状的木板覆盖在墙壁上，呈现出立体的形状。

在空间布置上，Possi 冰激凌店成了冰激凌爱好者的地标，空间也自然丰富了新的功能，如实验室、仓库、服务区等。设计师对门店进行了全新的改造和重新思考，赋予了门店更清晰的定义，提升了功能感。店内的彩色条纹装饰增添了新的感觉，彩色靠垫和不同尺寸的塑料藤椅色彩缤纷。冰激凌架外包了三种不同颜色的木板，这些木板可以旋转改变配色，倾斜的墙面铺上不同厚度和颜色的木条，颜色与地板统一。吧台和展示柜的背面覆盖着陶瓷和彩色滑动面板，可以隐藏和显示工艺台。

二、日本横滨 PABLO 起司蛋糕店

PABLO 在横滨打造了一家别具风格的餐厅分店，不仅售卖最受欢迎的芝士蛋糕，还附设室内空间，售卖咖啡等轻食和饮品。该设计应当地设计工作室 Design Atelier RONDO 的要求，以芝士蛋糕作为设计来源。想象一下做蛋糕的过程，不断烘烤、压制、成型、包装，最后切开，热腾腾的出炉，蓬松柔软的部分，香喷喷的芝士，是不是要溢出来了？流线型和动感如何？对于这个室内空间，设计师使用了不同的曲线，从大门开始，穿过每个区域，到达最深处的角落，然后将它们连接在一起。交错的空地里种满了各式各样的植物，就像一条隧道，把大家引向一个美味的地方。门的颜色配置刚好符合人们对芝士木的橙色、浅黄、浅色的印象，就连招牌也像奶酪加丝绸一样诱人美味。

三、Miu Miu 东京青山店展示设计

比起把个性张扬当成理所当然的欧洲国家,东京似乎更像是一个纯粹的模范城市,每一寸土地都被充分利用到极致,没有任何辉煌的余地,也没有所谓个性的余地。但这绝不会影响它作为东道主接触时尚的决心。

美雪街位于东京青山区,是吸引众多奢侈品牌的黄金地段,在过去20年已成为建筑创新的展示地。Miu Miu 时尚界的风向标就坐落于此。这是它在日本的第 23 家店铺,面积 720 平方米,新店于 2015 年 3 月 28 日正式开业。作为 Prada 家族最具传奇色彩的成员,Miu Miu 不仅继承了 Prada 寻找时尚的使命,也延续了旗下品牌沙龙与领先建筑公司合作的传统。

2015 年,在 OMA 的新品发布会上,设计师为 Prada 打造了一款非常炫酷的 showpiece,在米兰博得了一片掌声。现在 Miu Miu 东京店落成,大牌参与设计是理所当然的,但这一次他们的重点是来自瑞士的 Herzog 和 de Meuron。

其实早在 10 年前,Herzog & de Meuron 就设计了 Prada 青山店,与当时通透的全玻璃概念相反,如今的 Miu Miu 采用了低调内敛的金属立面,透露出更私密的质感。它的盖子微开着作为入口,在这超大的天棚下,一眼就能看到这间两层楼的店面,仿佛整个空间都被一把大刀切开,里里外外暴露无遗。

为营造从建筑到室内的坚实质感,全新 miumi 店内以铜作为主要设计元素。无论是货架、扶梯还是家具装饰,都是圆润柔美的铜线,与金属盒子外面的不锈钢尖角无缝衔接。

此外,橱窗的设计可谓匠心独运。Logo 也不浮华,以哑光面料为主要材质,镜面般的顺滑。这一面让路人好奇不已,忍不住驻足观看。然而,与描绘风景的普通商店橱窗不同,他们看到的不是预期的视角,而是他们自己的倒影。

这间两层楼的店铺不仅在桌子和陈列柜上陈列和销售精美的产品,还以温暖的沙发和扶手椅营造出宽敞舒适的感觉。明亮的色彩和精心挑选的灯光完美搭配,洒下无限美感。

参考文献

[1][法]曼纽尔·戈特朗编；常文心,鄢格译.博物馆建筑与空间设计[M].沈阳:辽宁科学技术出版社,2014.

[2]鲍艳红,江帆鸿.展示与陈列设计[M].合肥:合肥工业大学出版社,2017.

[3]陈静凡,叶国丰.商业空间设计 店面与橱窗[M].上海:上海交通大学出版社,2013.

[4]陈炜.服装展示设计[M].合肥:合肥工业大学出版社,2009.

[5]单宁,谢科,王伟.展示设计与工程[M].北京:人民邮电出版社,2019.

[6]单宁.展示设计(第2版)[M].武汉:华中科技大学出版社,2020.

[7]方卫,高胜寒.空间展示创意 & 设计[M].武汉:武汉理工大学出版社,2011.

[8]郭宜章,杨思宇.会展设计[M].北京:中国青年出版社,2021.

[9]郭媛媛,吕丹娜,郭向民.展示设计[M].武汉:华中科技大学出版社,2017.

[10]韩阳.服装卖场展示设计[M].上海:东华大学出版社,2019.

[11]胡曦,胡斌.展示设计[M].北京:机械工业出版社,2021.

[12] 胡勇,周芬,谢科等.展示设计 [M].武汉:华中科技大学出版社,2013.

[13] 黄静.浅析室内设计的色彩因素的影响 [J].黑龙江科技信息,2011（09）.

[14] 黄立萍,刘恋.会展展示设计 [M].北京:中国旅游出版社,2013.

[15] 黄艺,温耀龙.会展设计的规划与表现 [M].北京:中国水利水电出版社,2015.

[16] 姜立善,李远.展示设计 [M].济南:黄河出版社,2008.

[17] 荆其敏,荆宇辰,张丽安.建筑空间设计 [M].南京:东南大学出版社,2016.

[18] 李汉琳.建筑空间与环境设计表现技法 [M].天津:天津大学出版社,2021.

[19] 李琼,陈卉丽,田志涌.展示设计 [M].石家庄:河北美术出版社,2015.

[20] 李志民,王琰.建筑空间环境与行为 [M].武汉:华中科技大学出版社,2009.

[21] 刘东峰.展示设计 [M].北京:中国轻工业出版社,2017.

[22] 刘芳,苗阳.建筑空间设计 [M].上海:同济大学出版社,2001.

[23] 刘夏.中国会展发展与设计理论研究 [M].北京:亿兰（北京）文化发展有限公司,2018.

[24] 马江晖,刘新.商业空间展示设计实务 基础、程序、案例 [M].北京:机械工业出版社,2010.

[25] 任仲泉.现代商业空间展示设计 [M].济南:山东科学技术出版社,2004.

[26] 任仲泉.现代商业展示设计 店面设计·店内设计·展览设计 [M].北京:北京工艺美术出版社,1996.

[27] 邵新然.商业空间展示设计研究 [M].北京:中国纺织出版社,2021.

[28] 孙雪飞.服装展厅设计教程 第 2 版 [M].上海:东华大学出版社,2013.

[29] 王春晓.商业展示设计 [M].北京:北京理工大学出版社,2019.

[30] 王国荣.公共建筑空间设计 [M].北京：中国青年出版社，2015.

[31] 王新生.展示设计与搭建 [M].武汉：华中科学技术大学出版社，2022.

[32] 肖慧,王俊涛,耿志宏.展示设计艺术 [M].北京：中国铁道出版社，2016.

[33] 谢跃凌.会展展示空间设计 [M].沈阳：辽宁美术出版社，2014.

[34] 杨彬彬.展示设计 [M].镇江：江苏大学出版社，2019.

[35] 杨国杰.基于新媒体的文化展示设计研究 [M].北京：中国纺织出版社，2022.

[36] 于立晗.空间的艺术 展示空间设计原理及创意实践 [M].北京：化学工业出版社，2014.

[37] 于立晗.展示设计 [M].西安：西安交通大学出版社，2017.

[38] 张礼全.展示设计与工程管理 [M].沈阳：辽宁美术出版社，2013.

[39] 张威,赵坚.展示设计项目教学 [M].北京：水利水电出版社，2013.

[40] 张威.博物馆展示设计 [M].北京：中国建筑工业出版社，2015.

[41] 赵智峰,罗昭信.商业空间展示设计 [M].北京：中国纺织出版社，2019.

[42] 周旭丹,祁悦,石丽.公共空间设计 [M].延吉：延边大学出版社，2015.